Brandenberger/Ruosch
Ablaufplanung im Bauwesen

Jürg Brandenberger

Dipl. Ingenieur ETH/SIA

Ernst Ruosch

Dipl. Ingenieur ETH/SIA

Ablaufplanung im Bauwesen

Baufachverlag AG
Dietikon

ISBN 3-85565-222-8

3., überarbeitete und aktualisierte Auflage

© 1993 by Baufachverlag AG, CH-8953 Dietikon

Nachdrucke, auch auszugsweise, und jede Art
von Vervielfältigung, sind untersagt.

Satz und Montage: Henri Leuzinger, Rheinfelden
Belichtung und Druck: Egger AG, Frutigen
Einband: Schlatter AG, Bern

Printed in Switzerland

Geleitwort

Die Bauwirtschaft steht zu Beginn 1993 in einer starken Rezession. Wie wir in den Rezessionsphasen der sechziger und siebziger Jahre erfahren haben, entsteht auf eine reduzierte Zahl von Projekten in bezug auf Preis, Termine und Qualität ein starker Druck. Die Ablaufplanung erhält gerade in solchen Phasen einen besonderen Stellenwert. Wünschbar ist, dass sich diese drückende Situation bald entschärfen wird und einem positiven Entwicklungstrend in der Bauwirtschaft Platz macht mit optimalen Rahmenbedingungen für den Projektablauf.

Unsere heutigen Bauaufgaben sind in den letzten Jahren immer komplexer geworden und ausserdem anspruchsvoller. Die Bauherrschaften wünschen kurze Durchlaufzeiten in Planung und Bauausführung, um ihre Finanzmittel optimal einsetzen zu können. Damit hat sich der Wettbewerbsdruck allgemein verstärkt.

Der Planung gesamthaft in der Projektierung und der Bauausführung kommt daher eine immer grösser werdende Bedeutung zu. Planung gehört ja ganz allgemein zu unserem Lebensalltag. Im Baubereich ist sie seit eh und je stark verankert und besitzt zentralen Stellenwert. Wie soll eine Einsatzplanung für Finanzmittel, Geräte, Material und Equipen gewährleistet werden, wenn die Ablaufplanung fehlt oder mangelhaft ist?

Der Nachholbedarf nach dem zweiten Weltkrieg brachte erweiterte Aufgabenstellungen, die nach neuen Methoden riefen. Die Netzplantechnik als Methode der Ablaufplanung gewann an Breite. Mit dem Werk «Projektorganisation mit Netzplantechnik im Hoch- und Tiefbau», das von den zwei Verfassern 1968 herausgegeben wurde, fand die Netzplantechnik in der Schweiz eine massgebende Verbreitung. Auf der Basis dieses Standardwerkes wurde eine stattliche Zahl von Baufachleuten in der neuen Methodik geschult.

Die durch das vergriffene Werk entstandene Lücke konnte 1975 mit dem Band «Ablaufplanung im Bauwesen» geschlossen werden. Dabei sind die Erfahrungen der Autoren aus ihrer täglichen Arbeit wie aber auch umfangreiche Erkenntnisse aus Schulungskursen mit Baufachleuten in das neue Werk eingeflossen. Überall wird versucht, den Terminplan noch mehr zu straffen. Dieser Termindruck kann aber der Qualität abträglich sein, und dies just in einer Zeit, wo der Qualität und der Qualitätssicherung erhöhte Bedeutung zugeordnet wird. Hier können sich ganz ungewollt Konflikte anbahnen.

Die Planungsgremien müssen sich dessen bewusst werden; nur ein diszipliniertes Arbeiten in der Terminplanung führt zum Erfolg. Massgebend ist aber auch, dass alle am Bau Beteiligten miteinbezogen werden. Unabhängig von der jeweiligen Marktlage ist die Ablaufplanung eines der bedeutendsten Instrumente in der Durchführung von Bauprojekten. Sie wird auch in Zeiten des verschärften Wettbewerbs und gestiegener Zinskosten ihren Platz haben.

Verfeinert und verändert haben sich auch nochmals die Methoden der Ablaufplanung. Die modernen EDV-Mittel bringen in ihrer breiten Anwendung neue Arbeitsweisen. Sie sind in diesem Zusammenhang auch nicht mehr wegzudenken. Sie helfen in unseren meist massgeschneiderten Projekten Leerläufe und Totzeiten im Ablauf zu vermeiden.

Dass die dritte überarbeitete und erweiterte Neuauflage des Werkes im Kreise der Bauschaffenden wie auch beim jungen Nachwuchs eine ebenso gute Aufnahme finden wird wie die erste und zweite, ist zu hoffen.

Zürich, 5. Januar 1993

Prof. Dr. E. h. Robert Fechtig
Institut für Bauplanung und Baubetrieb ETH Zürich

Inhaltsverzeichnis

Vorwort 9

1 Einführung 11
1.1 Entwicklung der Projekte 11
1.2 Ablaufplanung 13
1.3 Schwierigkeiten und Mängel 13
1.4 Projektmanagement 14
1.5 Einsatz der Planungstechniken 14
1.6 Zielsetzung 14

2 Projekterfassung 15
2.1 Projekt 15
2.2 Projektdefinition 15
2.3 Projektstrukturplan 16
2.4 Vorgangsliste 18
2.4.1 Vorgangsbeschreibung 18
2.4.2 Vorgangsdauer 20

3 Balkendiagramm 21
3.1 Darstellungsformen 21
3.2 Kapazität und Kosten 23
3.3 Darstellung des Fortschritts 24
3.4 Anwendung 24
3.5 Unterstützung durch die EDV 25

4 Liniendiagramm 27
4.1 Darstellungsform 27
4.2 Kapazität und Kosten 29
4.3 Darstellung des Fortschritts 29
4.4 Anwendung 30
4.5 Unterstützung durch die EDV 30

5 Zyklusprogramm 33
5.1 Inhalt 33
5.2 Begriffe 33
5.3 Planung von Fliesszyklen 34
5.4 Planung von Taktzyklen 36
5.5 Taktzeit und Zyklusdauer 37
5.6 Anwendung 39

6 Netzplantechnik 43
6.1 Grundlagen der Netzplantechnik 43
6.1.1 Leistungsumfang 43
6.1.2 Genereller Aufbau 43
6.1.3 Definition der Elemente 44
6.1.4 Darstellungsformen 47
6.1.4.1 Vorgangspfeil-Netzplan 47
6.1.4.2 Vorgangsknoten-Netzplan 47
6.1.4.3 Ereignisknoten-Netzplan 47
6.1 5 Verknüpfungsregeln 47
6.1.5.1 Abhängigkeiten im Vorgangspfeil-Netzplan 47
6.1.5.2 Abhängigkeiten im Vorgangsknoten-Netzplan 49
6.2 Ablaufanalyse 54
6.2.1 Grundlagen für Netzplanentwurf 54
6.2.2 Entwurf des Netzplanes 54
6.2.3 Darstellung der Ablaufstruktur 56
6.2.3.1 Darstellung als Vorgangspfeil-Netzplan 56
6.2.3.2 Darstellung als Vorgangsknoten-Netzplan 58
6.2 4 Gliederung des Netzplanes 58
6.2.5 Numerierung des Netzplanes 60
6.2.6 Vergleich der Darstellungsformen 60
6 2.7 Resultate der Analyse des Ablaufes 61
6.3 Zeitanalyse 61
6.3.1 Einleitung 61
6.3.2 Berechnung der Zeitpunkte 62
6.3.2 1 Berechnung der Zeitpunkte im Vorgangspfeil-Netzplan 62
6.3.2.2 Berechnung der Zeitpunkte im Vorgangsknoten-Netzplan 64
6.3.3 Kritischer Weg, Pufferzeiten 72
6.3.3.1 Kritischer Weg und Pufferzeiten im Vorgangspfeil-Netzplan 74
6.3.3.2 Kritischer Weg und Pufferzeiten im Vorgangsknoten-Netzplan 74
6.3.4 Verkürzen der Projektdauer 75
6.3.5 Aufarbeiten der Berechnungsresultate 78

6.3.5.1	Kalendrierung 78	11.3.2	Darstellung des Projektstandes in den Terminplänen 125
6.3.5.2	Disposition 78		
6.3.5.3	Resultatdarstellung 79	11.3.3	Kapazitätsüberwachung 126
6.4	Unterstützung durch die EDV 81	11.3.4	Termintrend-Analyse 127
		11.3.5	Überarbeitung der Pläne 127
7	**Lieferprogramm 85**	11.4	Integrierte Zeit-/Kosten-Überwachung 127
7.1	Problemstellung 85	11.5	Unterstützung durch die EDV 129
7.2	Auswirkungen der Lieferungen auf die Zeitanalyse 86		
		12	**Organisatorisches Umfeld 135**
7.3	Unterstützung durch die EDV 88	12.1	Projektorganisation 135
7.4	Kostenerfassung 88	12.2	Fragen zum Einsatz der Planungstechniken 136
8	**Kapazitätsplanung 91**	12.3	Nutzen der Ablaufplanung 138

8.1 Notwendigkeit der Kapazitätsplanung 91
8.2 Zielsetzung 91
8.3 Vorgehen 93
8.3.1 Bedarfsermittlung 93
8.3.2 Verfügbare Kapazitäten 95
8.3.3 Ausgleich bei fester Projektdauer 95
8.3.4 Ausgleich mit Kapazitätsschranken 97
8.4 Kapazitätsplanung im Projekt 98
8.5 Kapazitätsplanung beim Leistungsträger 98
8.6 Mehrprojekt-Kapazitätsplanung 100
8.7 Unterstützung durch die EDV 100

9 Kostenplanung 103
9.1 Zielsetzung und Vorgehen 103
9.2 Bestimmen der Vorgangskosten 103
9.3 Bestimmen der Projektkosten 105
9.4 Zeit/Kosten-Optimierung des Projektes 106
9.4.1 Zielsetzung 106
9.4.2 Zeit/Kosten-Relation der Vorgänge 106
9.4.3 Zeit/Kosten-Relation des Projektes 107
9.4.4 Ausfallkosten 110
9.4.5 Optimierung 110
9.5 Unterstützung durch die EDV 111

10 Planungssysteme 113
10.1 Zielsetzung und Aufbau 113
10.2 Anwendungen 114
10.3 Darstellungsfragen 116
10.4 Standard-Ablaufpläne 118
10.5 Phasenpläne 119
10.6 Unterstützung durch die EDV 119

11 Überwachung und Steuerung 121
11.1 Vorgehen 121
11.2 Information 123
11.2.1 Informationsbedarf 123
11.2.2 Informationsmittel 123
11.3 Terminüberwachung 124
11.3.1 Grundlagen 124

Vorwort

Wohl bestehen bei den wenigsten Beteiligten eines Bauprojektes Zweifel, dass dessen Ablauf geplant und überwacht werden muss. Über Zeitpunkt und Umfang wie auch über die einzusetzenden Planungstechniken gehen die Meinungen aber oft stark auseinander. Die vorliegende Publikation soll diesbezüglich einen Beitrag zur Klärung dieser Fragen bringen.

In den Punkten, die in den letzten Jahren unverändert blieben, stützt sich diese dritte Auflage auf die zweite, die in den achtziger Jahren erschien. In einigen Bereichen ist die Entwicklung über Art und Umfang der Anwendung der Ablaufplanung weitergegangen. Die davon tangierten Kapitel wurden entsprechend überarbeitet. Berücksichtigt ist auch der umfassendere EDV-Einsatz. Dies dank gesteigerter Leistung (vor allem im Graphikbereich), verbesserter Benutzerfreundlichkeit (geführte Dialogprogramme) sowie preisgünstigeren Programmen und Geräten.

Vertieft hingewiesen wird auf die Notwendigkeit einer sorgfältigen Überwachung des Ablaufes. Zu oft trifft man in der Praxis die Situation, dass ein am Projektbeginn mit Enthusiasmus erstellter Terminplan während der Projektabwicklung nicht nachgeführt wird. Für das Beschaffen der Ist-Daten und allfällige Überarbeitungen fehlt die Zeit oder die notwendige Energie. Damit verliert die Ablaufplanung ihren Stellenwert als Führungsinstrument. Das angestrebte Vorausschauen wird dann durch das risikoreiche Kurzfristplanen bzw. Improvisieren abgelöst.

Wichtig ist, dass die Ablaufplanung richtig in das organisatorische Umfeld eingebettet ist. Nur so ist es möglich, dass Schlussfolgerungen und Massnahmen, die aus der Ablaufplanung folgen, auch umgesetzt werden. Damit ist die Verbindung zum Projektmanagement angesprochen.

Das Buch richtet sich von seinem Inhalt her an alle an Bauprojekten Beteiligten, die sich mit dem Problemkreis «Ablaufplanung» befassen. Dies trifft je nach Phase im Ablauf: Baufachorgane, Projektierende, Bauleitungen, Unternehmer und Lieferanten. Dabei ist der Stoff so gegliedert, dass er kapitelweise bearbeitet werden kann. Zum Gewinnen der Gesamtübersicht lohnt sich allerdings vorerst ein vollständiges Durcharbeiten des Stoffes.

Als Autoren möchten wir dem Verlag für die seit Jahren erprobte, gute Zusammenarbeit, die für eine speditive Erstellung eines solchen Werkes unumgänglich ist, bestens danken.

März 1993 *Die Verfasser*

1 Einführung

1.1 Entwicklung der Projekte

Für das Bauwesen waren die letzten Jahre dadurch gekennzeichnet, dass grosse Anstrengungen unternommen wurden, nicht nur die technischen Abläufe zu rationalisieren, sondern auch Hilfsmittel im Rahmen eines umfassenden Projektmanagements zu schaffen. Welche Faktoren der Projektentwicklung haben zur Kritik am bestehenden System geführt, einem System, mit dem viele Bauwerke befriedigend abgewickelt worden sind? Im folgenden sind einige Charakteristiken von Projekten unserer Zeit aufgeführt.

Grösse und Komplexität
Die verstärkten wirtschaftlichen, politischen und sozialen Verflechtungen sowie die Entwicklung der technischen Mittel führen zu Projekten, die bezüglich Grösse vielfach neue Dimensionen darstellen und eine wesentlich höhere Komplexität aufweisen. Als Beispiele seien erwähnt: Kraftwerke, Bauten für den Umweltschutz, Einkaufszentren u.a.m.

Technische Vielfalt von Lösungen und Materialien
Das heutige Entwicklungstempo bringt es mit sich, dass in rascher Folge neue Berechnungsverfahren, leistungsfähige Geräte, preisgünstige Materialien u.a.m auf dem Markt verfügbar sind. Der verschärfte Konkurrenzkampf fördert diese Tendenz noch, da die Vorteile eines Bieters nicht nur auf der Preisseite, sondern auch in der fortschrittlichen technischen Leistung gesucht werden. Zur Illustration diene der Hinweis auf technische wie administrative Computerprogramme, Erdbaugeräte, Beton-Zusatzstoffe, Dichtungsmaterialien u.a.m.

Spezialisierung
Das breite Spektrum von technischen Verfahren und angebotenen Werkstoffen kann von einem einzelnen nicht mehr voll überblickt werden. Daher müssen zur Bewältigung heutiger Projektaufgaben eine ganze Reihe von Spezialisten beigezogen werden. Dadurch wird der Koordinations- und Kommunikationsaufwand erheblich vergrössert, will man von den Vorteilen der Spezialisierung auch wirklich profitieren. Gerade die Bearbeitung dieses Bereiches ist in sich wieder ein Spezialgebiet, wobei die Spezialität des dafür Verantwortlichen das «Generalistentum» sein muss.
Ein Beispiel, wie weit heute die Fachbereiche aufgeteilt sind, mag die folgende Aufzählung geben: Abwasserbehandlung, Akustik, Schwingungsprobleme, Beleuchtungstechnik, Küchen- und Wäschereiplanung, Terminplanung u.a.m.

Termine
Der Rhythmus der heutigen Wirtschaft bringt es mit sich, dass viele Projekte unter Zeitdruck stehen. Termine mehrjähriger Projekte müssen frühzeitig bestimmt und je nach Aufgabenstellung um jeden Preis eingehalten werden. Typische Beispiele sind Bauten für Sportveranstaltungen (Olympische Spiele). Ausstellungen, Fertigungsstätten u.a.m.

Kosten
Die wirtschaftliche Entwicklung hat dazu geführt, dass die meisten Projekte unter einem starken Kostendruck stehen. Von Projekten will man deshalb nicht nur wissen, wieviel sie kosten, sondern auch wann diese Kosten während der Projektdauer anfallen. Dieser Aspekt ist besonders in Zeiten hoher Zinsen für das Planen der Kapitalkosten wichtig. Bei Projekten, die sich über längere Zeit erstrecken, gilt es, diese Zeit-Kosten-Abhängigkeit auch für die Abschätzung des Inflationseffektes zu kennen.

Überwachung
Die plangemässe Abwicklung der Projekte muss durch eine lückenlose Überwachung aller Parameter sichergestellt werden. Rückmeldungen betreffend sich abzeichnender Abweichungen müssen rasch erfolgen, da in Zeiten verschärfter Konkurrenz nicht rasch genug erkannte Fehldispositionen sich negativ

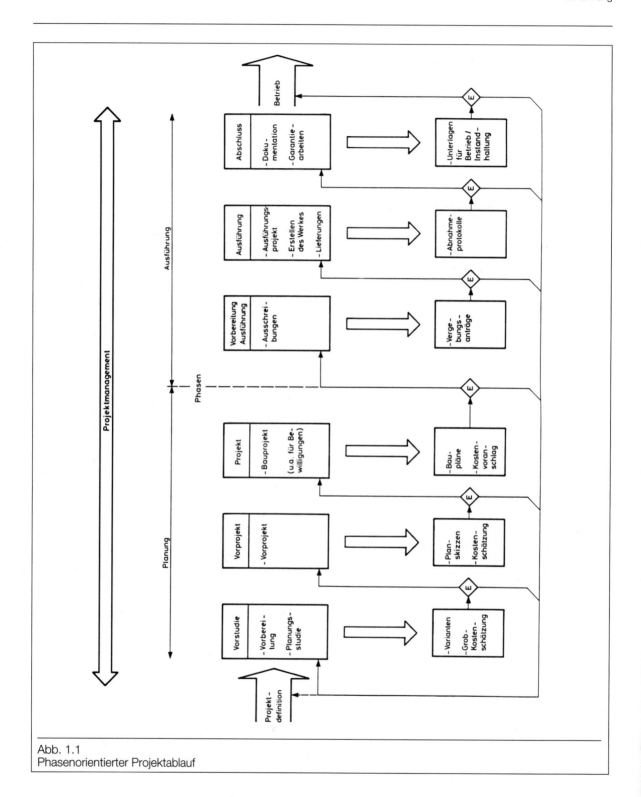

Abb. 1.1
Phasenorientierter Projektablauf

auswirken können. Eine ständige Überwachung ist auch aus der Forderung nach laufender Informationsbereitschaft gegenüber der Bauherrschaft abzuleiten. Diese Punkte finden ihren Niederschlag weitgehend in einem richtig organisierten Projektablauf.

1.2 Ablaufplanung

Eine wirksame Ablaufplanung sollte möglichst früh einsetzen. Es handelt sich also nicht nur darum, die Ausführung zu planen, sondern auch die Planung; dies besonders bei der Tendenz zum industrialisierten Bauen, das eine lange Vorbereitung und eine kurze Realisierung mit sich bringt. Der zu planende Projektablauf wird in mehrere Phasen unterteilt (Abb. 1.1). Die Vorstudienphase umfasst Vorbereitungsarbeiten wie Problemanalyse, Grundlagenbeschaffung und Bereinigung der Aufgabenstellung sowie Planungsstudien zum Finden der günstigsten Variante. In der Vorprojekt- und Projektphase wird das Projekt gestaltet und technisch sowie kostenmässig dargestellt. Nach dem Entscheid des Bauherrn und den notwendigen Behördenbewilligungen können die Vorbereitungsphase der Ausführung sowie die eigentliche Ausführungsphase in Angriff genommen werden. Sie bedeuten das Umsetzen der Konzeption in die Wirklichkeit. In der Abschlussphase wird das erstellte Werk dokumentiert und allfällige Mängel werden behoben. Obschon sich in der Praxis diese Gliederung nicht immer konsequent einhalten lässt, weil sich die Phasen bzw. Hauptschritte überschneiden können, sollte sie angestrebt werden. Dies vor allem, weil an den Nahtstellen Entscheide fällig sind, die darüber Auskunft geben müssen, ob der nächste Schritt in Angriff genommen werden soll. Ist von ihm schon ein Teil vorgezogen worden, so kann die Arbeit allenfalls vergebens ausgeführt worden sein. Manchmal ist ein solches Vorgehen allerdings unumgänglich, nämlich dann, wenn ein Vorgang (z.B. Landerwerb) einer Phase wesentlichen Einfluss auf die vorangehende hat (z.B. Gestaltung des Projektes unter Berücksichtigung der Geländeverhältnisse). Damit ist gezeigt, dass zwischen den einzelnen Phasen bzw. Schritten Rückkoppelungen bestehen. Das Vorgehen, die Wahl der Entscheidungspunkte und die Art der Entscheidungen sollten sicherstellen, dass ein Zurückspringen über mehrere Schritte vermieden werden kann. Diese Philosophie im Vorgehen ist einer der Hauptpunkte des Systems Engineering. Je nach dem vorliegenden Projekttyp werden alle oder nur gewisse Phasen durchlaufen (Abb. 1.1).

Mit dem Ende der Ausführungs- und allenfalls Inbetriebnahmephase findet das Projekt seinen Abschluss. Allerdings hat die anschliessende Phase der Nutzung des Bauwerkes einen ganz erheblichen Einfluss auf den gesamten Projektablauf, besonders auf die Einflussgrösse Kosten (Verhältnis zwischen Investitions- und Nutzungskosten, wobei sich die Nutzungskosten aus den Betriebs- und Unterhaltskosten zusammensetzen).

1.3 Schwierigkeiten und Mängel

Der gesamte Aufwand für die Ablaufplanung und deren Überwachung für ein Projekt ist nicht unerheblich, trotzdem sind die dafür geleisteten Anstrengungen meistens noch zu klein und zu wenig integriert. Einige Hinweise sollen zeigen, wo im Projektablauf oftmals Lücken festgestellt werden können.
• Die Planungsphase ist nicht oder zu wenig straff geplant.
• Sobald grössere Bauten verschiedene Stellen berühren, ist die Frage nach der Führung des Projektes bzw. nach dessen Organisation und Koordination offen.
• Die Termin- und Kostenplanung wird als sekundär betrachtet und nebenbei betrieben.
• Die Systematik fehlt, um vor Projektbeginn Varianten zu studieren und die volle Auswirkung derselben zu beurteilen.
• Die für die Ausführungsphase verwendeten Balkendiagramme sind für die Gesamtprojekterfassung zu grob und zeigen weder Abhängigkeiten noch Dringlichkeiten der dargestellten Teilarbeiten.
• Die heutigen Unterlagen und die Geschwindigkeit der Auswertung der vorhandenen Daten führen zu einer mangelnden Übersicht, wie sie bei Störungen im Ablauf besonders wichtig ist. Das führt dazu, dass oft im grossen Stil improvisiert werden muss. Auf der Stufe des Gesamtprojektes kommt aber nur eine fundierte Massnahmenplanung in Frage. Auf der Baustelle hingegen wird der Bauleiter, der ein guter Improvisator ist, nach wie vor von grossem Wert sein, denn keine Planung oder Organisation kann mit vernünftigem Aufwand Auskunft über geschickte Änderungen im kleinen Rahmen, d.h. im täglichen Geschehen geben.
• Die nicht direkt auf der Baustelle erbrachten Bauleistungen (und beim heutigen Industrialisierungsprozess ist dieser Anteil im Steigen begriffen) werden zu wenig straff verfolgt.

- Das Wissen der kompetenten am Projekt beteiligten Personen wird vielfach zu wenig für alle verständlich zu Papier gebracht, wodurch gefährlich grosse Abhängigkeiten von einzelnen Verantwortlichen entstehen. Dabei ist allerdings öfters gegen die Haltung «Wissen ist Macht und darum behalte ich es für mich» anzukämpfen.
- Die heutige Art der Kostenzusammenstellung und Abrechnung eignet sich schlecht für zeitbezogene Überlegungen, sei es nun für das Budget oder für die eigentliche Kostenkontrolle im Sinne eines laufenden Soll/Ist-Vergleiches.
- Der Überblick über die Belastung der Kapazitäten durch laufende und kommende Projekte ist weder für die Öffentliche Hand bezüglich des Gewerbes noch für die Unternehmer bezüglich ihrer Hilfsmittel auch nur annähernd gelöst.
- Die Fortschrittsrapporte sind selten zeitgerecht und nicht nach dem Informationsbedürfnis des Verbrauchers gegliedert. Dadurch haben die einen zuviel, die andern zuwenig.

Jeder, der an einem grösseren Bauprojekt beteiligt gewesen ist, kann den einen oder andern der erwähnten Punkte bestätigen.

1.4 Projektmanagement

Zur umfassenden Verbesserung der Situation drängt sich der Einsatz des Projektmanagements auf. Bei richtigem Einsatz dieser Führungs-, Planungs- und Koordinationsmethodik wird ein reibungsloser Projektablauf erreicht. Wichtig ist die Wahl der zur Verfügung stehenden Hilfsmittel im Rahmen des Projektmanagements. Im speziellen für die Ablaufplanung bieten sich je nach Problemstellung und Randbedingungen verschiedene Techniken an, so das Balken- und Liniendiagramm, das Zyklenprogramm sowie als umfassendste die Netzplantechnik. Bei komplexeren Projektabläufen wird sich eine solche Vielfalt von Ansprüchen ergeben, dass eine Kombination verschiedener Techniken zu einem Planungssystem das zweckmässigste sein wird.

Nicht genügend betont werden kann die Tatsache, dass diese Hilfsmittel allein im Einsatz nicht zum Tragen kommen, sondern dass der eingangs erwähnte Rahmen des Projektmanagements unbedingt vorhanden sein muss (Projektorganisation, Informationssystem usw.).

1.5 Einsatz der Planungstechniken

Gemäss Abb. 1.1 erfolgt die Projektplanung in mehreren Schritten, wobei der Konkretisierungsgrad laufend steigt. In den ersten Schritten bestehende Unsicherheiten dürfen auf keinen Fall dazu führen, dass mit dem Beginn der Ablaufplanung zugewartet wird. Die zu planenden Projekte sind nämlich meist so komplex, dass die für das Erstellen der Ablaufplanung wünschbaren Informationen nur etappenweise verfeinert werden können.

Ziel der Projektführung muss es also sein, den Projektablauf unmittelbar nach seinem Beginn in den Griff zu bekommen. Es kann nicht genügend darauf hingewiesen werden, wie schwerwiegend die Folgen sein können, wenn dies unterlassen wird. Denn auf alles, was unkoordiniert bereits abgewickelt ist, kann kein Einfluss mehr genommen werden. Wenn es also gilt, mögliche Einsparungen bezüglich Zeit und Kosten auszunutzen, so sind die dafür notwendigen Informationen frühzeitig bereitzustellen. Zu Beginn des Projektes ist die volle Dispositionsfreiheit noch vorhanden, d.h., es lässt sich z.B. dort Zeit sparen, wo dies mit dem geringsten Aufwand möglich ist (Abb. 1.2).

1.6 Zielsetzung

Durch die Ablaufplanung sollen folgende Ziele erreicht werden:
- Erfassen aller relevanten Vorgänge und logisches Verknüpfen derselben im Hinblick auf die vorgegebenen Projektziele.
- Darstellung der für jede hierarchische Stufe angepassten Informationen für die Planung und Überwachung (bezüglich Ablauf, Terminen, Kapazitäten und Kosten).

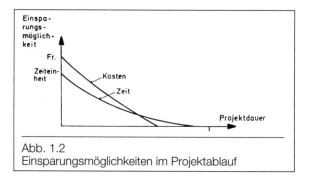

Abb. 1.2
Einsparungsmöglichkeiten im Projektablauf

2 Projekterfassung

2.1 Projekt

Für den Begriff existiert bereits eine grosse Zahl von Definitionen. Gemeinsam ist den meisten, dass sie den Begriff «Projekt» im Sinne einer Aufgabe oder eines Vorhabens auffassen. Allgemein soll unter Projekt die Abwicklung einer in sich geschlossenen Gruppe von Arbeiten zum Erreichen eines festgesetzten Zieles verstanden werden.
Es handelt sich dabei um ein Vorhaben, das folgende Kriterien erfüllt:
- die Zielsetzung ist im voraus festgelegt,
- der Leistungsumfang ist bestimmt,
- die Frist für die Zielverwirklichung ist vorgegeben,
- die finanziellen Mittel sind vorgegeben,
- verschiedene Stellen sind bei der Verwirklichung beteiligt,
- komplexe Zusammenhänge,
- eine gewisse Einmaligkeit der Ausführung.

Bauten aller Art können als Projekte bezeichnet werden. Sie erfüllen weitgehend die aufgeführten Kriterien. Neben den eigentlichen Bauten können allerdings auch andere Vorhaben als Projekte angesprochen werden, wie beispielsweise Änderungen von Organisationen, Einführung von Datenverarbeitung, Fusionen von Unternehmungen usw.
Die Projekte lassen sich nach verschiedenen Gesichtspunkten gliedern:
- Bauherr: Öffentliche Hand/Private,
- Verwendungszweck: Verkehr, Bildung (Schulen, Universitäten usw.), Verwaltung, Umweltschutz, Industrie u.a.m.,
- Bautyp: Hochbau/Tiefbau,
- Umfang: Planung/Planung und Ausführung.

Zur Illustration seien noch einige Beispiele aufgeführt: Grosswohnsiedlungen, Einkaufszentren, Waffenplätze, Verwaltungsbauten, Kraftwerke, Eisenbahnanlagen, Spitäler, Kläranlagen u.a.m.

Neben dem Begriff Projekt wird manchmal die Bezeichnung «Programm» benutzt. Oft werden diese Begriffe gleichartig verwendet, oft aber auch mit der Absicht der hierarchischen Gliederung. Dabei wird Programm als übergeordneter Begriff verwendet (z.B. das Programm des schweizerischen Nationalstrassenbaus umfasst mehrere Dutzend Projekte).

2.2 Projektdefinition

Die Entwicklung der Wirtschaft zeigt immer wieder neue Bedürfnisse auf. Unternehmungen und Verwaltungen müssen sich laufend entscheiden, wieweit sie zur Deckung dieser Bedürfnisse beitragen wollen. Dazu werden sie eine Bedürfnisermittlung durchführen, die zu möglichst gut quantifizierten Resultaten führen soll. Der Entscheid, wieweit mit einer zu erbringenden Leistung das aufgedeckte Bedürfnis gedeckt werden soll, kann zu einem Projekt, im speziellen zu einem Bauprojekt führen. Das zu definierende Projekt muss sorgfältig abgegrenzt werden. Dabei versucht man die Abgrenzungen so vorzunehmen, dass das Projekt in sich möglichst geschlossen ist, bzw. dass man Nahtstellen, soweit sie in diesem Zeitpunkt schon erkennbar sind, möglichst klar zu definieren vermag. Alle Überlegungen, die zur Bedürfnisermittlung und zum Leistungsangebot geführt haben, sind schriftlich festzuhalten. Besonders bei langfristigen Projekten ist es wichtig, in einer Zeit rasch wechselnder Einstellungen immer klar die ursprüngliche Begründung für die Investitionsabsicht vor Augen zu haben, um bei notwendigen Anpassungen die sich ergebenden Konsequenzen für den ganzen Projektablauf überblicken zu können.

Zur Weiterbearbeitung wird die Investitionsabsicht in Form einer Projektdefinition mit folgenden Punkten festgehalten:

- Leistungsumfang
  - Grösse
  - Leistung
  - Qualität
  - Standard
- Zeit
  - Projektanfang und/oder -ende
  - Dauer
- Kosten
  - Investitionskosten
  - Betriebskosten
  - Produktionskosten
- Standort
  - festzulegen
  - im Raum...
  - bestimmt

Zusätzlich ist das weitere Vorgehen mit den Verantwortlichkeiten schriftlich festzulegen. Meistens wird man sich dabei auf die Vorbereitungsphase, d.h. das Überführen der Projektdefinition in eine überprüfte, widerspruchslose Aufgabenstellung beschränken.

Beispiel einer Projektdefinition für einen Molkereibetrieb: Investitionsabsicht der Firma «Molkereibetrieb M» für das Projekt «MOLKO»:
- Aufgrund der Marktanalyse vom Jahre 19.. wird beschlossen, die Produktion auf Fruchtjoghurt, Joghurt-Drink und Fruchtquark zu beschränken.
- Das Bechersortiment wird auf 3 Normgrössen mit 125, 250 und 500g Inhalt reduziert.
- Die geplante Gesamtmenge beträgt 220 - 230 Mio Produktionseinheiten pro Jahr.
- Für Fruchtjoghurt ist sowohl Heiss- als auch aseptische Kaltabfüllung in Betracht zu ziehen.
- Das Projekt muss vor Ende 19.. begonnen werden, die Bautätigkeit muss innerhalb von 1 1/2 Jahren abgeschlossen sein.
- Die Gesamtinvestitionen für Bau und Maschinen sind auf 40 Mio Fr. begrenzt.
- Die Produktionskosten pro Einheit dürfen Fr. ...... nicht übersteigen.
- Das Projekt «MOLKO» ist auf dem Gelände der jetzigen Fabrikanlagen vorgesehen.

Mit der Ausarbeitung der Aufgabenstellung für die Planungsphase wird Herr Müller (Betriebsplaner) beauftragt. Dies unter besonderer Beachtung der verfahrenstechnischen Probleme. Das Resultat ist bis zum ...... an Herrn Meier (Konzernleitung) abzuliefern.

2.3 Projektstrukturplan

Besonders bei grösseren Projekten ist es schwierig, den Überblick nach verschiedenen Gesichtspunkten zu gewinnen und zu behalten. Dieser Überblick ist vor allem für das Ziel der Ablaufplanung, nämlich alle Vorgänge, die für die Abwicklung des Projektes erforderlich sind, aufzuzeigen, wichtig. Deshalb wird das Projekt, sobald es seinem Inhalt nach einigermassen klar ist (Vorstudie/Vorprojekt), soweit stufenweise in Teilaufgaben aufgegliedert, bis dieselben für die am Projekt Beteiligten vollständig überblickbar sind (Abb. 2.1). Diese Gliederung wird als Projektstrukturplan bezeichnet. Wieweit diese Unterteilung pro Teilaufgabe vorgenommen werden muss, ist weitgehend eine Ermessensfrage der beteiligten Planer. Die Untergliederung muss nicht in jedem Teilbereich gleich weit getrieben werden (Abb. 2.2). Die Teilaufgaben der untersten Stufe bezeichnet man als Arbeitspakete.

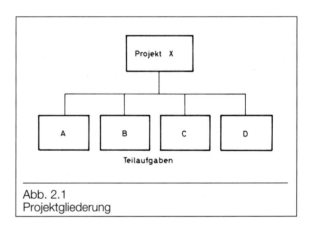

Abb. 2.1
Projektgliederung

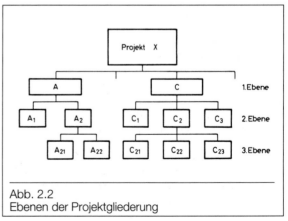

Abb. 2.2
Ebenen der Projektgliederung

Grössere Projektstrukturpläne lassen sich kaum mehr graphisch abbilden, sondern eher listenmässig. Dazu ist es notwendig, jede Teilaufgabe bzw. jedes Arbeitspaket nicht nur verbal, sondern auch numerisch (evtl. alphanumerisch) zu erfassen.

Der anzuwendende Nummernschlüssel soll die Struktur bestmöglich wiedergeben. Üblicherweise werden sovielstellige Zahlen verwendet, wie Ebenen bestehen (Abb. 2.3). Benutzt man ausschliesslich Ziffern zur Numerierung, so können pro Ebene höchstens 9 Teilaufgaben gebildet werden. Reicht dies nicht aus, so kann eine Ebene übersprungen werden, wodurch dann 81 Möglichkeiten zur Verfügung stehen. Eine andere Lösung bietet sich durch das Ausweichen auf Buchstaben an, d.h. in der Verwendung eines alphanumerischen Schlüssels (36 Unterteilungsmöglichkeiten).

Generell kann das Zerlegen des Projektes, das zum Projektstrukturplan führt, objekt- oder funktionsorientiert sein. Beim objektorientierten Gliedern wird das Projekt als Hauptaufgabe betrachtet und die einzelnen Projektteile, Raumeinheiten usw. als Teilaufgaben. Beim funktionsorientierten Gliedern wird die Hauptaufgabe nach den zu erbringenden Funktionen (Projektierung, Ausführung usw.) in einzelne Teilaufgaben zerlegt (Abb. 2.4).

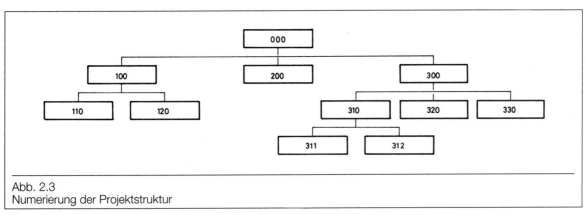

Abb. 2.3
Numerierung der Projektstruktur

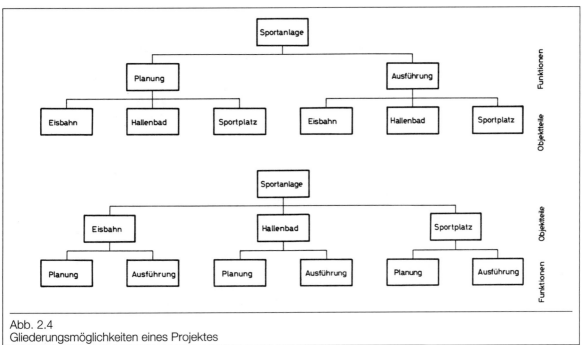

Abb. 2.4
Gliederungsmöglichkeiten eines Projektes

Welche Gliederung im Einzelfall zu wählen ist, hängt weitgehend von der Beurteilung des Projektleiters ab. In der Praxis werden oftmals für die verschiedenen Ebenen unterschiedliche Gliederungen angewandt. Für die erste Ebene stehen die Phasen des Projektablaufes im Vordergrund (Funktionen Planung/Ausführung). Für die nächsten Stufen dominiert die Objektgliederung, wobei
- ähnliche technische Belange,
- die Minimierung des Koordinationsaufwandes zwischen den Teilobjekten,
- die Übereinstimmung mit der Projektorganisation (Verantwortlichkeiten),
- Randbedingungen der Bauherrschaft (bereits eingegangene Verpflichtungen),
- Teilobjekte, die sich für die Auswertung von Erfahrungszahlen eignen,

als Gliederungskriterien berücksichtigt werden können. Bei der Objektgliederung ist die Schaffung des Zusammenhanges mit der Kostengliederung nicht immer möglich, es sei denn, diese werden entsprechend verfeinert. Bei Bauaufgaben wird die Projektstruktur so weit getrieben, bis Teilaufgaben bzw. Arbeitspakete vorliegen, die man in der Planungs- wie Ausführungsphase voll überblickt. Abb. 2.5 fasst Form, Elemente und Funktionen eines Projektstrukturplans zusammen.

Form	Elemente	Funktionen
• Objektorientiert • Funktionsorientiert • Mischform	• Hauptaufgabe • Teilaufgabe • Arbeitspaket	• Basis für Ablauf- und Kostenplanung • Zuordnung von Verantwortlichkeitsbereichen • Erfassen aller Projektarbeiten • Kostenträger

Abb. 2.5
Charakteristiken eines Projektstrukturplanes

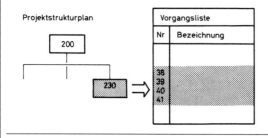

Abb. 2.6
Vorgänge eines Arbeitspaketes

2.4 Vorgangsliste

2.4.1 Vorgangsbeschreibung

Der letzte Gliederungsschritt im Projektstrukturplan führt zu den Arbeitspaketen. Als nächstes geht es darum, zu überlegen, was zur Abwicklung eines Arbeitspaketes alles notwendig ist. Diese Arbeitsschritte bezeichnet man als Vorgänge, wobei darunter ein zeiterforderndes Geschehen mit definiertem Anfang und Ende verstanden wird (Abb. 2.6). Beispiele:
- Abhumusieren,
- Detailpläne erstellen,
- Baustelleninstallation einrichten,
- Betonieren von Wänden, Decken,
- Abbindezeit,
- Lieferfrist für Türen, Fenster,
- Aushub Kanal Teil Nord usw.

Bei der Erarbeitung der im Ablauf vorkommenden Vorgänge kann man verschieden vorgehen:
- die beteiligten Fachleute liefern Vorschläge, die diskutiert und festgehalten werden;
- auswerten von Unterlagen ähnlicher Objekte;
- möglichst systematisches Durchgehen der Einflussgrössen, die beim Zerlegen der Teilobjekte bzw. Aufgabenpakete in Vorgänge zum Tragen kommen (Abb. 2.7).

Der Feinheitsgrad der festgehaltenen Vorgänge hängt von den formulierten Informationswünschen ab. Aus der Sicht des Projektleiters ist die Zerlegung in einzelne Vorgänge so weit zu treiben, dass
- die Verantwortung für deren Planung, Durchführung und Kontrolle klar zugeteilt werden kann,
- die Rückkoppelung über das Einhalten der vorgegebenen Parameter Qualität, Termine und Kosten spielt, damit im Fall von Abweichungen noch korrigierende Massnahmen getroffen werden können.

Für die Vorgänge heisst das, dass
- der Arbeitsumfang exakt definiert ist,
- der Verantwortliche eindeutig bestimmt ist,
- die Kosten zugeteilt werden können und einen bestimmten Prozentsatz der Gesamtkosten nicht übersteigen,
- sich die Dauer berechnen oder schätzen lässt, wobei diese in einer vorgegebenen Relation zur Gesamtprojektdauer stehen soll,
- möglichst nur ein Hilfsmittel zur Ausführung nötig ist,
- sich diese Arbeit möglichst homogen abwickeln soll.

Projekterfassung

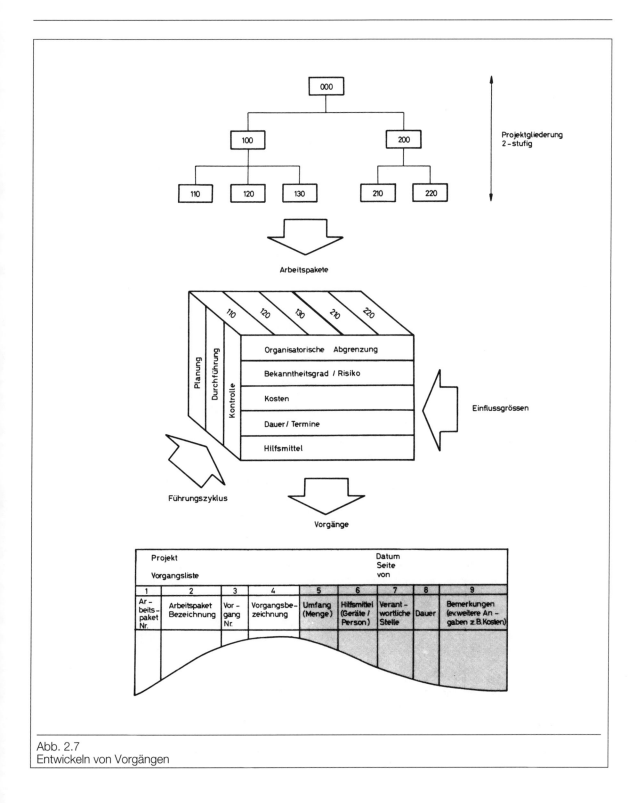

Abb. 2.7
Entwickeln von Vorgängen

Die unter Berücksichtigung dieser Kriterien formulierten Vorgänge werden mit den notwendigen Angaben in die Vorgangsliste eingetragen (Abb. 2.7). Diese Angaben sind die Grundlage für alle weiteren Planungsarbeiten. Sie sind deshalb von jenen Beteiligten zu geben, die im betreffenden Zeitpunkt am kompetentesten sind. Sobald neue, bessere Informationen vorliegen, sind sie entsprechend zu berücksichtigen.

Je nachdem wird die Vorgangsliste bezüglich ihrem Inhalt etwas anders aufgebaut. Ist zum Beispiel der Projektstrukturplan schon schriftlich festgehalten, kann allenfalls auf die Kolonnen für die Arbeitspakete (Nr., Bezeichnung) verzichtet werden. Dies gilt auch für einfachere Projekte, bei denen sich die Projektstrukturierung erübrigt.

Die Vorgänge werden so genau bezeichnet, dass sich alle am Projekt Beteiligten dasselbe darunter vorstellen können. Je nach der anschliessend verwendeten Planungstechnik ist ein Numerieren der Vorgänge zweckmässig. Je nach Projekt bzw. Projektstand sind bereits weitere für die spätere Ablaufplanung wichtige Daten bekannt. Diese werden in eine mit den notwendigen Kolonnen ergänzte Vorgangsliste eingetragen. Im Vordergrund steht dabei die Vorgangsdauer.

2.4.2 Vorgangsdauer

Die Zeitberechnung aller Terminplanungssysteme beruht auf der Dauer der einzelnen Vorgänge. Deshalb kann nicht genug darauf hingewiesen werden, wie wichtig eine zuverlässige, für den Moment bestmögliche Zeitschätzung ist.

Um die Vorgangsdauer bestimmen zu können, müssen folgende Punkte geklärt sein:

- Wer führt die Vorgänge durch bzw. wer ist direkt dafür verantwortlich? Je nach dem Stand des Projektes kann es sein, dass die Unternehmungen noch nicht bestimmt sind und dass bis zu den Vergebungen die leitenden Stellen (Arch., Ing.) für die Datenlieferung der einzelnen Vorgänge verantwortlich sind.
- Mit welchen Arbeitsverfahren und -mitteln wird der Vorgang durchgeführt? Man ist bestrebt, die wirtschaftlichste Durchführung des Vorganges zu planen. Allerdings muss man dabei die für das Gesamtprojekt vorgesehenen Mittel im Auge behalten. So kann z.B. das Installieren einer Betonpumpe für den betrachteten Vorgang unwirtschaftlich sein, beim Einbezug aller mit Pumpbeton in Zusammenhang stehenden Vorgänge sich dagegen durchaus rechtfertigen.

Die Angaben über Verfahren und verwendete Mittel werden in der Vorgangsliste notiert. Nach Klärung dieser Punkte und mit der genauen Vorgangsumschreibung kann man an das Ermitteln der Dauer gehen, wobei dies je nach Art der Arbeit und den vorhandenen Unterlagen ein Berechnen, Übernehmen oder Schätzen sein kann. Für jede Art gilt, dass dies von den zuständigen Fachleuten, die nach Möglichkeit Einfluss auf die Ausführung nehmen können, gemacht werden muss. In der Praxis der Bauwirtschaft hat sich ein Zeitwert pro Vorgang als zweckmässig erwiesen. Methoden, die mit mehreren Zeitwerten (in der Netzplantechnik PERT) versuchen, die Unsicherheit zu erfassen und auf dieser Basis Wahrscheinlichkeitsaussagen über das Eintreten gewisser Ereignisse zu machen, eignen sich wohl für die industrielle Forschung, gehen aber im Bauwesen meistens am Ziel vorbei. Die durch die Witterungseinflüsse bedingte, immer wieder angetroffene Zurückhaltung gegenüber Zeitangaben für die Vorgänge lassen sich auf diese Art auf alle Fälle nicht beseitigen Das Ziel der Projektplanung ist ja nur, einen Ablauf auf Grund der voraussehbaren Einflüsse aufzustellen, der aber bei Abweichungen optimal anzupassen ist.

Durch die Definition der Arbeitsmittel zur Durchführung der Vorgänge werden erste Überlegungen in Richtung Kapazitätsbetrachtung gemacht. Wie schon erwähnt, sollen Art und Dauer der Vorgangsausführung der wirtschaftlichsten Möglichkeit entsprechen. Auf dieser Grundlage lassen sich dann allenfalls Umformungen und Optimierungen vornehmen (z.B. Zeit/Kapazität-Zusammenhang, Zeit/Kosten-Zusammenhang). Die für den Vorgang ermittelte Dauer wird in der Vorgangsliste eingetragen. Für die Dauer wird allgemein das Symbol D verwendet. Ausgedrückt wird die Vorgangsdauer in Zeiteinheiten. Im ganzen Ablaufplan sind die gleichen Zeiteinheiten zu benutzen, so z.B. Stunden, Tage, Wochen oder Monate.

Genau zu unterscheiden sind Arbeits- und Kalendertage. Dies deshalb, da die Zahl der Arbeitstage pro Woche variieren kann (z.B. bei «Schalen von Wänden» wird man in der Regel nur mit einer 5-Tage-Woche rechnen, dagegen kann man sich bei «Abbinden der Fundamentplatten» auf eine 7-Tage-Woche stützen). Sind solche Feinheiten zu berücksichtigen, so wird dies zweckmässigerweise für die Ausnahmen in Klammer hinter die Dauer gesetzt. Hat sich für die meisten Vorgänge eine grosse Zeiteinheit als zweckmässig erwiesen und liegen einige kurze, wichtige Vorgänge (Entscheide) vor, die ausgewiesen werden sollen, so kann man diesen die Dauer Null zuordnen.

Im nächsten Schritt werden die Vorgänge als Grundlage für die Termin-, Kapazitäts- und Kostenplanung verwendet, wobei die Wahl der Planungstechnik noch zu treffen ist.

3 Balkendiagramm

3.1 Darstellungsformen

Das Balkendiagramm ist die einfachste und deshalb wohl auch verbreitetste Terminplanungsmethode. Nach der Jahrhundertwende wurde es als «Gantt-Chart» aus Amerika übernommen. Trotz dem Aufkommen neuer Techniken konnte das Balkendiagramm, nicht zuletzt dank seiner Einfachheit und Übersichtlichkeit, auch im Bauwesen seine vorherrschende Stellung bis heute behaupten.

Die Darstellung der zeitlichen Abwicklung geschieht in einem Zeitraster, der auf der Abszisse aufgetragen wird. Je nach Feinheitsgrad der darzustellenden Vorgänge werden als Zeiteinheit Stunden, Tage, Wochen oder Monate gewählt. Häufig werden diese Arbeitszeiteinheiten auf einem Kalender dargestellt, wobei die Nichtarbeitszeiten (Arbeitspausen, Feiertage, Ferien usw.) beim Aufzeichnen zu berücksichtigen sind (Abb. 3.1).

Normalerweise werden in der Kopfkolonne die Vorgänge bzw. deren Kurzbeschreibung aufgeführt. Je nach dem vorgesehenen Informationsverbraucher bestehen verschiedene Anordnungsmöglichkeiten:
- chronologischer Ablauf,
- Gruppierung nach Verantwortlichkeit,
- Gruppierung nach Objektteilen,
- Gruppierung nach gleichen Hilfsmitteln u.a.m.

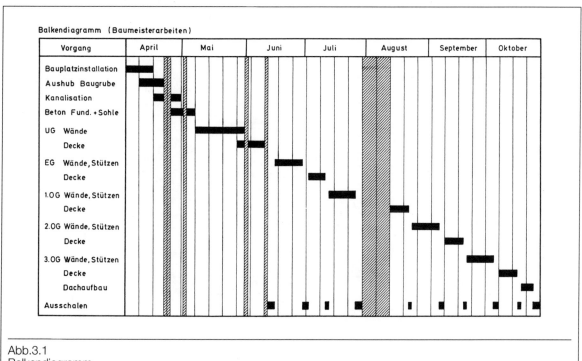

Abb. 3.1
Balkendiagramm

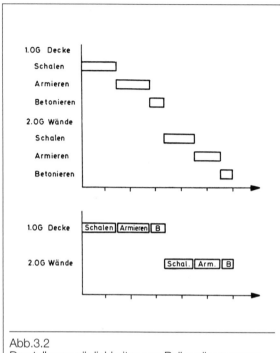

Abb. 3.2
Darstellungsmöglichkeiten von Balkendiagrammen

Je nach Projekt ist auch eine Kombination zweier oder mehrerer der obenstehenden Kriterien denkbar. Eine weitere Möglichkeit besteht darin, dass die Vorgangskurzbeschreibungen direkt in den Balken gesetzt werden. Das erlaubt, auf einer Zeile mehrere Balken anzuordnen (Abb. 3.2). Diese Methode ist vor allem bei sich wiederholenden Arbeitsabläufen geeignet, kann damit doch die Plangrösse im Rahmen gehalten werden. Im vorgegebenen Raster beginnt jetzt die eigentliche Planungsarbeit, indem die geplante Vorgangsdauer ab vorgesehenem Beginn als Balken eingetragen wird. Dabei ist auf die bestehenden Randbedingungen im Kalender (Winter, Ferien, Feiertage usw.) Rücksicht zu nehmen. Beim Festlegen des Anfangszeitpunktes wird man sich auch die Abhängigkeiten zu anderen Vorgängen und fallweise die kapazitiven Beschränkungen überlegen. In der üblichen Darstellungsform gehen diese Überlegungen aber nicht in die graphische Darstellung ein. Damit müssen sie bei jeder Überarbeitung des Terminprogrammes neu gemacht werden. Auch für Drittpersonen ist die Einarbeitung in den Ablauf des Projektes durch diese Informationslücken wesentlich erschwert.

Durch die Erweiterung der ursprünglichen Darstellungsform können die geschilderten Nachteile in beschränktem Mass eliminiert werden:

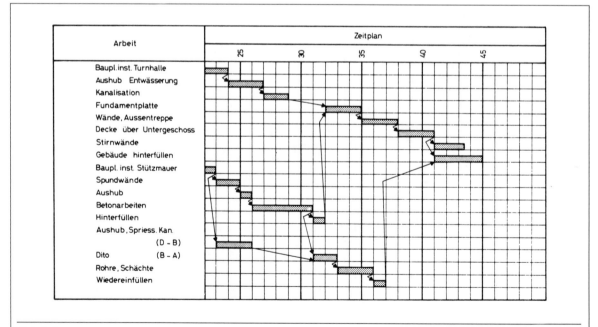

Abb. 3.3
Balkendiagramm mit Vorgangsabhängigkeiten (graphisch)

Abhängigkeiten durch Pfeile angeben

Durch Pfeile wird angegeben, welche der geplanten Vorgänge Vorbedingung für den Start des betrachteten Vorganges sind (Abb. 3.3). Dabei ist allerdings zu beachten, dass nur die wichtigsten Zusammenhänge aufgezeigt werden, da sonst der Hauptvorteil der Balkendiagramme, die Übersichtlichkeit, verlorengeht, ohne dass der Informationsgehalt wesentlich grösser wird.

Abhängigkeiten durch Zahlen festhalten

In der Kopfzeile werden den Vorgängen Zahlen zugeordnet (Abb. 3.4). Am Anfang der Vorgänge werden nun jeweils die Vorgänger aufgeführt. Auch bei dieser Methode gelten die gleichen Einschränkungen wie bei der Darstellung der Abhängigkeiten durch Pfeile.

3.2 Kapazität und Kosten

Das Balkendiagramm ist als Grundlage der Einsatzplanung eine sehr geeignete Darstellung. Durch einfaches Addieren der pro Zeiteinheit eingeplanten Leistung ergibt sich die kapazitive Belastung der (ausgewiesenen) Hilfsmittel (Abb. 3.5). Dabei ist zu beachten, dass einem Vorgang mehrere verschiedene Hilfsmittel zugeordnet sein können. So kann zum Beispiel ein Aushub von einem Bagger, Lastwagen und einer Handlangerequipe ausgeführt sein und der Vorgang «Aushub» muss deshalb für das Kapazitätsprofil des Baggers, der Lastwagen und der Belegschaft berücksichtigt werden (Kap. 9). Analog zur Kapazitätsplanung kann auch die Ermittlung des Kostenanfalls pro Zeiteinheit durchgeführt werden. In diesem Falle müssen den einzelnen Vorgängen Kosten zugeordnet werden. Das Umlegen der Kosten aus dem Werkvertrag oder aus Kalkulationsunterlagen kann je nach Übereinstimmung recht aufwendig sein. Bei einer gutüberlegten realistischen Kostenzuordnung ergibt sich als Resultat eine aussagekräftige Unterlage, die u.a. als Zahlungsplan der Unternehmung Verwendung finden kann (Kap. 10).

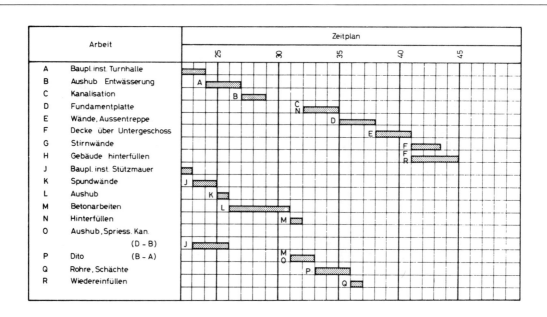

Abb. 3.4
Balkendiagramm mit Vorgangsabhängigkeiten (mit Symbolen)

3.3 Darstellung des Fortschritts

Während der Abwicklung der Arbeiten geht es darum, den Fortschritt zu kontrollieren und im Balkendiagramm darzustellen. Dabei ist für die Vorgänge «in Arbeit» einerseits der erreichte Stand und andererseits die in diesem Zeitpunkt gegebene Prognose für das Ende der Arbeit festzuhalten.

Effektive Ausführung
Es werden die effektiven Daten (Anfang, Dauer, Ende) als Balken über dem Geplanten eingetragen. Während der Ausführung ist bei einem Nachführungszeitpunkt der erreichte Stand in Prozent sowie die Prognose für das Ende anzugeben (Abb. 3.6). Diese Darstellung gibt am Schluss einen übersichtlichen Soll/Ist-Vergleich.

Fortschritt gemessen am geplanten Balken
Während der Ausführung wird der prozentuale Fortschritt auf dem geplanten Balken festgehalten. Die Prognose für das Ende wird ebenfalls angegeben. Diese Darstellung gibt bei der laufenden Fortschrittskontrolle Auskunft über die momentanen Abweichungen (Abb. 3.7).

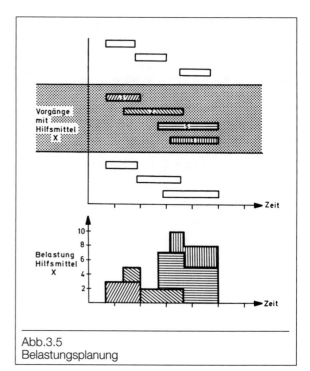

Abb.3.5
Belastungsplanung

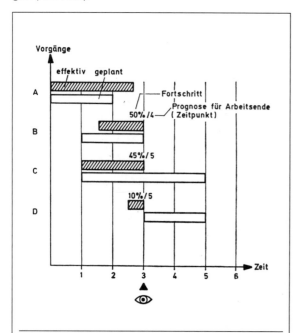

Abb.3.6
Darstellung des IST-Ablaufes mit effektiven Anfangs- und Enddaten

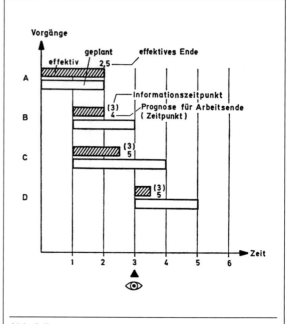

Abb.3.7
Darstellung des IST-Ablaufes mit dem aktuellen physischen Stand

3.4 Anwendung

Zusammengefasst ergeben sich für das Balkendiagramm folgende Vor- und Nachteile:
- Vorteile
- – gut eingeführt,
- – leicht verständlich,
- – übersichtlich.
- Nachteile
- – Zusammenhänge nur beschränkt ersichtlich,
- – Dringlichkeiten fehlen,
- – Umfang begrenzt (bezüglich Grösse und Parameter),
- keine Computerberechnung.

Die Berücksichtigung dieser Punkte führt auf folgende Anwendungsgebiete des zweckmässigen Einsatzes für das Balkendiagramm:
- kleinere, begrenzte Projekte (Teilprojekte),
- Teilbereiche eines grösseren Projektes, z.B. einzelne Verantwortungsbereiche usw.,
- Ermitteln von Belastungsdiagrammen,
- Summarische Darstellungen (für Management),
- Resultatdarstellung anderer Planungstechniken.

3.5 Unterstützung durch die EDV

Eine ganze Reihe von Terminprogrammen unterstützt die Balkendiagrammplanung (Abb. 3.8). Der Hauptnutzen ist dabei die saubere Darstellung, die Änderbarkeit sowie das Abspeichern und Auswerten der IST-Daten.

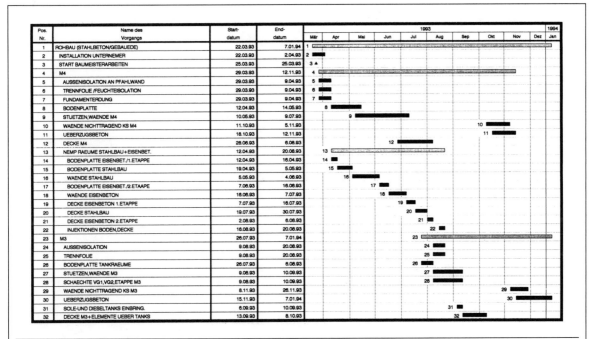

Abb. 3.8
Balkendiagramm, mit EDV erstellt

4 Liniendiagramm

4.1 Darstellungsform

Unter dem Oberbegriff Raum-Zeit-Diagramm gelangen heute vor allem zwei Darstellungsarten zur Anwendung: im vorliegenden Kapitel soll die erste Form, das Liniendiagramm (Abb. 4.1), diskutiert werden. Die zweite Darstellungsform, das Zyklusprogramm, bildet Gegenstand eines weiteren Kapitels.

Für das Liniendiagramm werden auch die Bezeichnungen Zeit-Leistungs-Diagramm, Zeit-Weg-Diagramm oder Zeit-Menge-Diagramm verwendet. Besonders geeignet ist diese Darstellungsart für die Planung und Kontrolle kontinuierlicher und an eine Strecke gebundener Arbeitsvorgänge. Vorgänge also, deren Arbeitsfortschritt in einer Geschwindigkeit (Länge pro Zeiteinheit) ausgedrückt werden kann.
In einer koordinatenmässigen Darstellung wird in der Horizontalen (Abszisse) die Baustrecke massstäblich aufgetragen. Auf der vertikalen Achse (Ordinate) wird ein Zeitraster mit der gewählten Zeiteinteilung (Tage, Wochen, Monate) unter Berücksichtigung der Randbedingungen (Feiertage, Ferien) aufgezeichnet.
Die einzelnen Vorgänge werden als Linien eingetragen. Aus dem Zusammenhang Ort/Menge und Zeit ergibt sich, dass aus der Neigung der Linie die Leistung ersichtlich ist. So bedeutet z. B. ein senkrechter Abbruch in einer Linie, dass während dieser Zeitspanne kein streckenmässiger Baufortschritt erzielt wird, die Arbeit also unterbrochen wird (Ferien, Feiertage, arbeitstechnische Pausen). Häufig wird das Liniendiagramm durch Vorgänge, die keinen Liniencharakter haben, ergänzt, zum Beispiel «Baustelleninstallation» (Abb. 4.2).
In den meisten Fällen folgen sich mehrere Arbeitsgänge, deren Leistung unterschiedlich sein kann. Folgen langsameren Arbeiten Vorgänge, die rascher erledigt werden, so ist darauf zu achten, dass sie sich dem Vorgänger nicht zu stark nähern (kritische Annäherung).

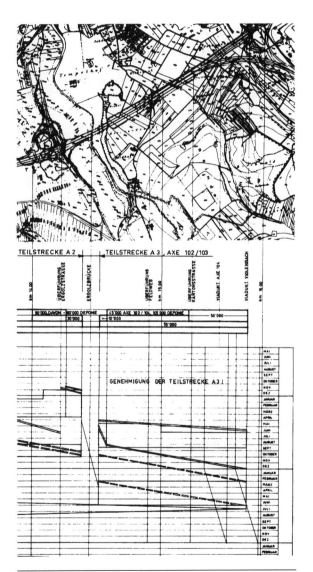

Abb. 4.1
Liniendiagramm einer Autobahnteilstrecke

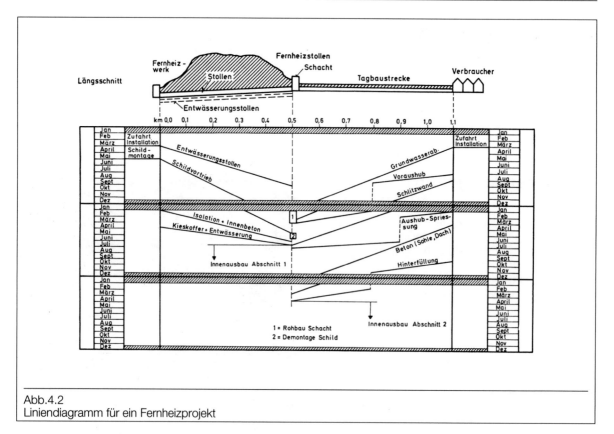

Abb. 4.2
Liniendiagramm für ein Fernheizprojekt

So darf z.B. der Vorgang Rohre-Verlegen nur bis zu einer gewissen Strecke auf den Aushub des Leitungsgrabens aufschliessen. Mit solchen Vorgängen ist später zu beginnen, wobei das Ende des Vorgängers plus die kritische Annäherung das Ende des Nachfolgers und damit auch dessen Anfang bestimmen, oder der Nachfolger ist zu unterbrechen (Abb. 4.3). Unterbrüche, die den kontinuierlichen Ablauf eines Vorganges stören, müssen immer genau überlegt werden, können aber durch technische Randbedingungen (z.B. darf der Graben nicht zu lange offenstehen) oder gedrängte Projektendtermine (Abb. 4.4) zwingend gefordert werden. Abhängigkeiten und Dringlichkeiten können dem Liniendiagramm nicht direkt entnommen werden. Immerhin kann generell gesagt werden, dass sich normalerweise die als Linie dargestellten Vorgänge nicht schneiden dürfen, der Nachfolger den Vorgänger also im Grenzfall einholen (kritische Annäherung wird Null), nicht aber überholen darf.

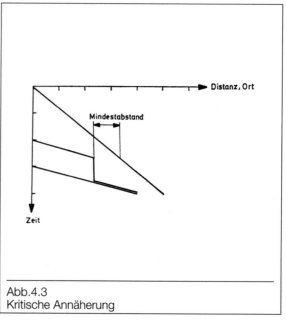

Abb. 4.3
Kritische Annäherung

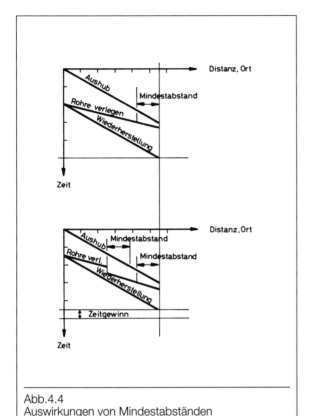

Abb. 4.4
Auswirkungen von Mindestabständen

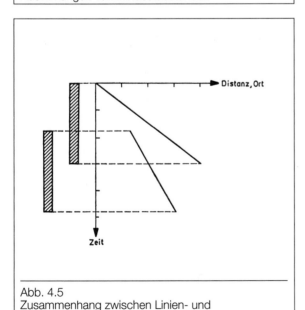

Abb. 4.5
Zusammenhang zwischen Linien- und Balkendiagramm

4.2 Kapazität und Kosten

Ordnet man den einzelnen Vorgängen die zu ihrer Erstellung nötigen Hilfsmittel (Maschinen, Arbeitsgruppen) zu, kann die kapazitive Belastung wie beim Balkendiagramm erhoben werden, denn die Projektion der Liniendiagrammdarstellung auf die Zeitachse führt zu einem Balkendiagramm (Abb. 4.5). In der gleichen Art kann auch die Kostenentwicklung über die Projektdauer dargestellt werden, indem die mit Kosten belasteten Vorgänge auf ein Balkendiagramm reduziert werden.

4.3 Darstellung des Fortschritts

Aus dem Liniendiagramm kann für jeden Zeitpunkt abgelesen werden, wo man sich mit den einzelnen Vorgängen befindet, bzw. wann man mit einem Vorgang einen bestimmten Punkt erreicht hat. Während der Projektabwicklung ist der erreichte Fortschritt einzutragen (Abb. 4.6). Dabei wird der erreichte Standort der verschiedenen Arbeiten zum betrachteten Zeitpunkt eingetragen. Um die Kontrollinformationen vollständig wiederzugeben, muss auch hier neben dem Stand noch die Prognose für die Fertigstellung angegeben werden.
Die Verbindung der Kontrollpunkte ergibt die Darstellung der effektiven Ausführung (Abb. 4.7). Diese Ist-Daten geben zusätzlich zu ihrer Kontrollfunktion, nach Projektabschluss in übersichtlicher Form Aufschluss über die effektiv erbrachten Leistungen. Bei Abweichungen kann aus der Differenz zwischen dem ursprünglich geplanten Zeitpunkt und dem Kontrollpunkt sehr einfach die Verspätung oder der Vorsprung herausgelesen werden.

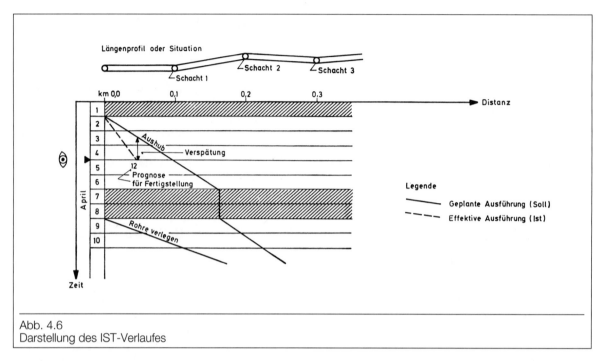

Abb. 4.6
Darstellung des IST-Verlaufes

4.4 Anwendung

Aus den Ausführungen in diesem Kapitel können die für den Einsatz der Liniendiagrammdarstellung entscheidenden Merkmale zusammengefasst werden:
• Vorteile
– leicht verständlich und z.B. aus Fahrplandarstellungen gut eingeführt,
– Verknüpfung von Ort/Menge und Zeit,
– übersichtlich bezüglich Leistungsunterschieden (kritische Annäherung).
• Nachteile
– Abhängigkeiten nicht explizit ausgewiesen,
– Dringlichkeiten fehlen,
– die graphische Darstellung der Kontrollinformationen ergibt, dass sich bei Abweichungen die Ist-Linie mit der Soll-Linie des betrachteten Vorganges nicht deckt; bei komplizierten Bauabläufen mit vielen aufeinanderfolgenden Arbeiten geht dadurch bei der Projektkontrolle die Übersichtlichkeit zum Teil verloren.

Daraus kann die Eignung dieser Planungstechnik folgendermassen abgegrenzt werden:
• Ausführungsplanung und -überwachung von Arbeiten, deren Fortschritt in einer Geschwindigkeit (Länge/Menge pro Zeiteinheit) ausgedrückt werden kann; also vorwiegend für Linienbaustellen wie Strassen-, Bahntrassen-, Tunnel-, Kanal-, Stollen- und Leitungsbau.

4.5 Unterstützung durch die EDV

Die verfügbaren Programme unterstützen gezielt den Aufbau von Liniendiagrammen. Im übrigen ergeben sich die gleichen Vorteile wie beim Balkendiagramm: gute Darstellung und einfache Änderbarkeit.

Liniendiagramm

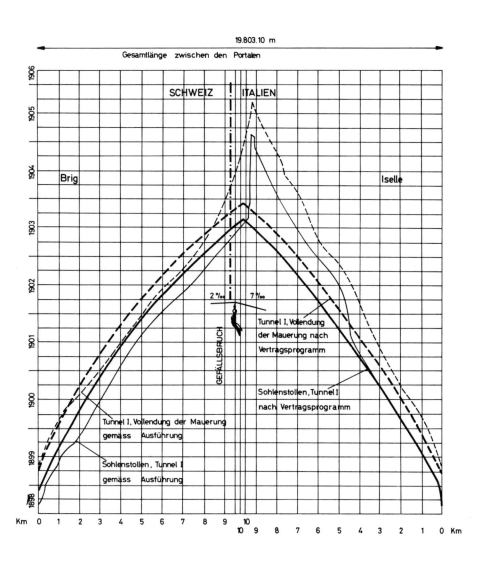

Abb. 4.7
Historisches Liniendiagramm

5 Zyklusprogramm

5.1 Inhalt

Wie das Liniendiagramm ist auch die Darstellungsform des Zyklusprogrammes eine Raum-Zeit-Darstellung. Die Planungstechnik der Zyklusprogramme wurde aus der industriellen Fliessbandarbeit entwickelt, wo die Herstellung eines Erzeugnisses dem Arbeitsfluss entsprechend in einzelne Arbeitsgänge zerlegt wird. Im Bauwesen ist dagegen der Arbeitsgegenstand, also das Bauwerk oder der Bauteil, standortgebunden, und der Arbeiter bzw. die Arbeitsgruppe durchläuft bei ihrem Arbeitsgang die Baustelle.

Das Anwendungsgebiet der Zyklusprogramme sind daher vor allem Bauvorhaben, die sich konstruktiv und arbeitstechnisch in eine grössere Anzahl möglichst gleicher Fertigungsabschnitte aufteilen lassen. Das mit Zyklusprogrammen zu erreichende Ziel liegt in der Optimierung von Zeit und Kapazitäten repetitiver Arbeitsprozesse.

5.2 Begriffe

Arbeitsgruppen

Einerseits kann es sich um spezialisierte Arbeitsgruppen für Bauaktivitäten mit vorwiegend einer Fachtätigkeit (z.B. Schalen, Armieren) handeln. Der Einsatz spezialisierter Gruppen fördert im allgemeinen die Produktivität. Die Arbeitsgruppe durchläuft bei mehrmaliger Wiederholung des gleichen Arbeitsvorganges einen Lernprozess, d.h. die Produktionszeit pro Fertigungsabschnitt sinkt (Abb. 5.1) mit der Anzahl Wiederholungen bis zu einem Grenzwert. Andererseits wird der gesamte Produktionsprozess durch den Einsatz spezialisierter Arbeitsgruppen störungsanfälliger.

Demgegenüber können polyvalente Arbeitsgruppen für verschiedenartige Fachtätigkeiten eingesetzt werden (z.B. Schalen, Armieren und Betonieren durch die gleiche Gruppe ausgeführt). Der etwas geringeren

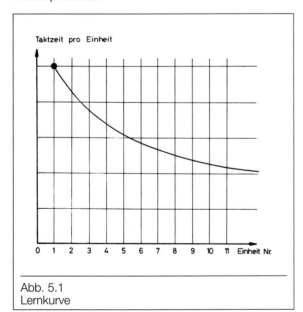

Abb. 5.1
Lernkurve

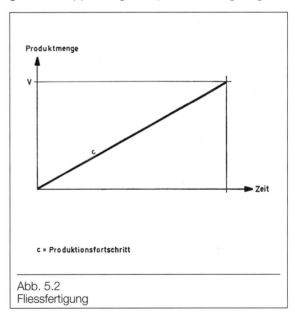

Abb. 5.2
Fliessfertigung

Produktivität steht in diesem Fall der Vorteil grösserer Flexibilität und motivierender Arbeitsvielfalt gegenüber; Abweichungen können durch den Einsatz polyvalenter Arbeitsgruppen besser ausgeglichen werden.

Fertigungsabschnitte
Die Grösse der Fertigungsabschnitte wird bestimmt durch:
- die Grösse der Arbeitsgruppen: jeder Arbeiter braucht eine minimale Arbeitsfläche, damit seine Produktivität gewährleistet ist, d.h. damit er bei seiner Arbeit nicht behindert wird;
- die Konstruktion: der Fertigungsabschnitt ist die kleinste, für sämtliche Teilprozesse selbständige Einheit des Projektes (z.B. Wohnung, Geschoss, Betonieretappe).

Taktzeit
Die Taktzeit eines Prozesses ist die Zeit, in welcher eine Arbeitsgruppe auf einem Fertigungsabschnitt einen Vorgang durchführt.

Fliessfertigung
Von Fliessfertigung (Abb. 5.2) kann dann gesprochen werden, wenn ein Prozess die Fertigungsabschnitte kontinuierlich und mit gleichbleibendem Produktionsfortschritt durchläuft. In der graphischen Darstellung wird, wie beim Liniendiagramm, der Zusammenhang zwischen Zeit (in diesem Fall üblicherweise auf der Abszisse dargestellt) und Menge (d.h. die Leistung) festgehalten.

5.3 Planung von Fliesszyklen

Als Fliesszyklus wird eine Folge von Fliessfertigungen mit gleichem Produktionsfortschritt bezeichnet, deren Folgezeiten gleich den entsprechenden kritischen Annäherungen sind (Abb. 5.6). Die Voraussetzungen für Fliesszyklen sind:
- eine grössere Anzahl möglichst gleich grosser Bauabschnitte (z.B. Stockwerke eines Hochhauses),
- Folgen von sich ständig wiederholenden, gleichartigen Prozessen (z.B. Schalen, Armieren, Betonieren, Ausschalen),
- gleiche Dauer für jeden Prozess in jedem Abschnitt.

Diese Voraussetzungen werden sich in den wenigsten Fällen voll erfüllen lassen, da eine Anzahl inner- und ausserbetrieblicher Einflüsse sowie die Verschiedenartigkeit der einzelnen Arbeitsgänge zu berücksichtigen sind. Die Annäherung an den Idealfall wird in einem schrittweisen Vorgehen erreicht.

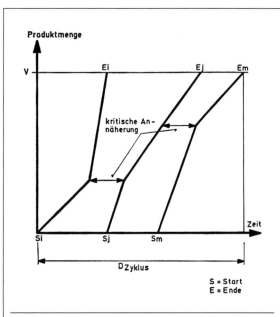

Abb. 5.3
Allgemeiner Zyklus

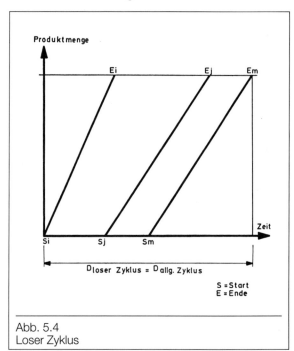

Abb. 5.4
Loser Zyklus

Allgemeiner Zyklus

Im Normalfall besteht ein Ablauf aus mehreren Arbeitsgängen, die in sich selbst und/oder innerhalb des Zyklus unterschiedliche Produktionsleistungen aufweisen. Diese Form wird als allgemeiner Zyklus bezeichnet (Abb. 5.3). Dabei sind folgende Grössen zu beachten:
- der Produktionsfortschritt (Leistung),
- die kritische Annäherung A (zeitliche Minimaldistanz).

Für jeden Arbeitsgang lassen sich Start (S) und Ende (E) ablesen

Loser Zyklus

Der allgemeine Zyklus kann durch Vereinheitlichung des Produktionsfortschrittes innerhalb der einzelnen Arbeitsgänge in einen losen Zyklus umgeformt werden (Abb. 5.4). In der Regel wird zunächst versucht, die Zeitpunkte S und E aller Arbeitsgänge beizubehalten und den Produktionsfortschritt dazwischen konstant auszulegen. Um die kritische Annäherung in jedem Fall einzuhalten, muss die gegenseitige Lage der einzelnen Arbeitsgänge durch Folgezeiten (Distanz der Start- bzw Endpunkte) festgehalten werden.

Synchronzyklus

In diesem Schritt wird versucht, die Dauer der einzelnen Arbeitsgänge anzugleichen, d.h. zu synchronisieren. Dabei ist es entscheidend, welcher Arbeitsprozess die Synchrondauer vorgeben soll. In der Regel wird vom Arbeitsvermögen des kritischen Prozesses ausgegangen (Leitprozess), das durch die Quantität oder den Arbeitsrhythmus von eingesetzten Gruppen bzw. Maschinen gegeben ist (Abb. 5.5).

Fliesszyklus

Im letzten Schritt ist der Synchron- in einen Fliesszyklus überzuführen, indem die Folgezeiten (F) der kritischen Annäherung gleichgesetzt werden (Abb. 5.6).
Für den Fliesszyklus gelten also folgende Kriterien:
- Zeitlich
  – alle Arbeitsgänge haben den gleichen, konstanten Produktionsfortschritt,
  – die Folgezeiten sind gleich der kritischen Annäherung.
- Räumlich
  – die gewählten Abschnitte verursachen keine Unterbrechung der Zyklen (konstante Abschnittsfolge),
  – pro Abschnitt gleiche Folge der Arbeitsprozesse,
  – evtl. Ersatz der Folgezeit bzw. der kritischen Annäherung durch eine Raumfolge, indem eine Arbeit in einem Abschnitt erst begonnen werden kann, wenn die vorangehende in demselben beendet ist.
- Kapazitiv
  – konstante Kapazität für jeden Arbeitsgang,
  – gleichmässige Belastung des einzusetzenden Arbeitspotentials im Projektablauf.

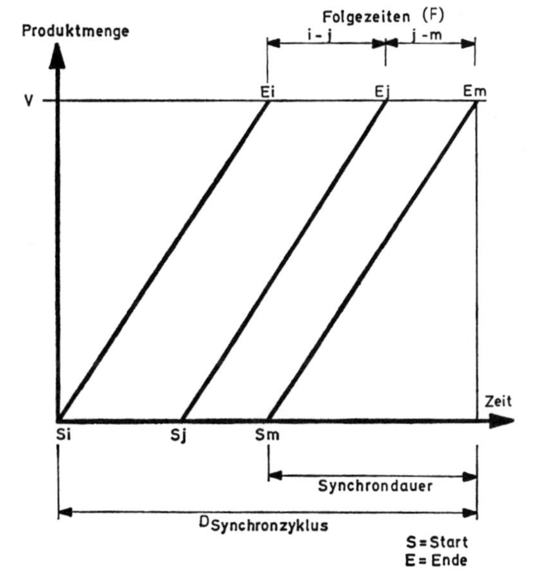

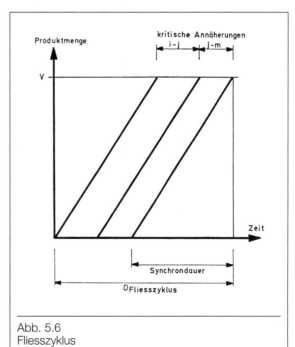

Abb. 5.5
Synchronzyklus

Abb. 5.6
Fliesszyklus

5.4 Planung von Taktzyklen

Beim Übergang vom losen Zyklus zum Synchronzyklus können Probleme entstehen, die sich wegen der Verschiedenartigkeit der einzelnen Arbeitsprozesse kaum lösen lassen (z.B. Schalen und Betonieren). Die Arbeitsgänge, die sich nicht auf die Synchrondauer des gewählten Leitprozesses bringen lassen, bezeichnet man als Störprozesse. Ist die Taktzeit der Störprozesse grösser als die Taktzeit des Leitprozesses, wird nun versucht, diese Störprozesse in einzelne Schritte aufzuteilen. Die Taktzeiten der resultierenden Teilprozesse sollten dabei möglichst ganzzahlig sein (z.B. Tage). Im Falle, wo die Taktzeit der Störprozesse kleiner als die des Leitprozesses ist, wird man verschiedene Abschnitte (z.B. Betonieren und Ausschalen) der gleichen Arbeitsgruppe zuteilen. In beiden Fällen gilt, dass die Summe der Schritte, die durch dieselbe Arbeitsgruppe ausgeführt werden, gleich der Taktzeit des Leitprozesses sein sollte.

Die Umwandlung von Störprozessen eines losen Zyklus in einen Taktzyklus ist nicht immer einfach, und einige Voraussetzungen sind dabei zu beachten:
- die Aufteilung der Arbeit des Störprozesses sollte zu einer Dauer führen, die ganzzahlig ist,
- die Summe der Schritte, die durch dieselbe Arbeitsgruppe ausgeführt werden, sollte gleich der Taktdauer des Leitprozesses sein,
- die notwendige Kapazität für einen Teilschritt darf eine obere und untere Grenze nicht überschreiten, damit die Austauschbarkeit gewährleistet ist,
- die Einhaltung der kritischen Annäherung (zeitlich und räumlich).

Für den Aufbau des Taktzyklus können folgende Grundmodelle verwendet werden:

Aussetzerbetrieb
Von einem Aussetzerprozess wird gesprochen, wenn der Betrieb in jedem Abschnitt für eine bestimmte Zeitspanne unterbrochen wird bzw. aussetzt (Abb. 5.7). Wird in jedem Abschnitt die kritische Annäherung eingehalten, so ergibt sich ein abschnittsweises Aussetzen der Arbeit. Je nach der Folge der Arbeitsvorgänge kann eine kürzere Bauzeit resultieren als beim losen Zyklus.

Wechselbetrieb
Beim Wechselbetrieb bearbeitet eine Gruppe zwei oder mehrere verschiedene Arbeitsgänge. Beim heute üblichen Baubetrieb ist dies ohne weiteres möglich. Die Gruppe ist so zu bestimmen, dass die Summe der Zeiten für die Ausführung der verschiedenen Arbeitsgänge gleich der Synchrondauer wird (Abb. 5.8).

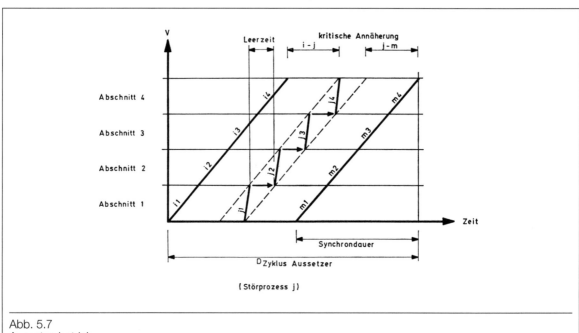

Abb. 5.7
Aussetzerbetrieb

Zyklusprogramm

Springerbetrieb

Ein Bauprozess, der im Ablauf räumlich einen oder mehrere Abschnitte überspringen kann, wird sich für den Springerbetrieb eignen (Abb. 5.9). Er ist vor allem dann erforderlich, wenn aus technischen Gründen eine grössere kritische Annäherung eingehalten werden muss. Die Anwendung des Springerbetriebs kommt häufig für den Fall vor, in dem Armieren, Betonieren und Ausschalen als Störprozesse auftreten, wobei zwischen Betonieren und Ausschalen die kritische Annäherung eingehalten werden muss (Abbindezeit).

Trotz den verschiedenen Modellen können sich noch Anpassungen aufdrängen, die sich in gewissen Grenzen immer realisieren lassen. Als Anpassungsmöglichkeiten kommen in Frage:
- Zeitliche Anpassung durch Variation der Arbeitszeit. Grenzen ergeben sich einerseits aus der abfallenden Produktivität und den Überstundenzuschlägen, anderseits aus Vertragsbestimmungen.
- Kapazitive Anpassung durch Erhöhung oder Verminderung der Mittel. Die Erhöhung ist durch den Wirkungsgrad und die räumlichen Randbedingungen beschränkt, die Verminderung durch minimale Maschinen- oder Arbeitsgruppen-Grössen.
- Intensitätsmässige Anpassung durch Inkaufnahme von Leerzeiten. Diese Art wird nur dann angewandt, wenn die Minimalkapazitäten immer noch zu gross sind.

5.5 Taktzeit und Zyklusdauer

Bei der Planung von Zyklusprogrammen ist die Taktzeit (d.h. die Geschwindigkeit) des Leitprozesses einer der wesentlichsten Parameter. Massgebend werden beeinflusst:
- Die Projektkontrolle: Aus Abb. 5.10 ist ersichtlich, dass bei grösserer Geschwindigkeit des Leitprozesses und damit des gesamten Ablaufes mehr Fertigungsabschnitte gleichzeitig in Arbeit sind und somit die Kontrolle und Leitung erschwert wird.
- Die Kapazität: Analog zum Liniendiagramm ergibt auch beim Zyklusprogramm die Projektion auf die Zeitachse eine Balkendiagrammdarstellung. Damit ist der Kapazitätsbedarf pro Zeiteinheit mit einer Addition einfach zu ermitteln. Abb. 5.11 zeigt, wie sich der Kapazitätsbedarf mit der Geschwindigkeit ändert. Durch Kapazitätsspitzen werden nicht nur die beteiligten Unternehmungen betroffen, auch die gesamten Bauplatzinstallationen (Magazine, Kran usw.) müssen der Spitzenbelastung angepasst werden.

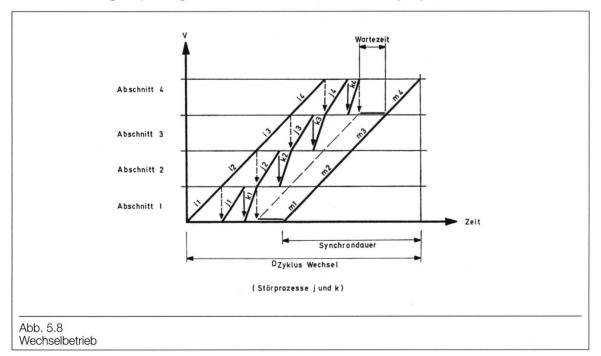

Abb. 5.8
Wechselbetrieb

- Die Hilfsmittel: In Abb 5.12 wird der Einfluss der Geschwindigkeit auf die Anzahl möglicher Wiederverwendungen von Hilfsmitteln wie Taktschalungen usw. gezeigt. Können diese im Beispiel bei höherer Geschwindigkeit nur zweimal eingesetzt werden, ergibt sich bei einer Senkung der Geschwindigkeit die Möglichkeit eines dreimaligen Einsatzes.

Ein zweiter Freiheitsgrad bei der Planung von Zyklusprogrammen ist die Zyklusdauer. Sie ist definiert als Durchlaufzeit eines einzelnen Fertigungsabschnittes durch den ganzen Produktionsprozess. Normalerweise wird sie bestimmt durch die Taktzeit des Leitprozesses, die Anzahl Arbeitsgänge und die Folgezeiten. Wurden die Folgezeiten grösser als die kritischen Annäherungen gewählt, kann durch Verkürzung bis auf die kritischen Annäherungen bzw. durch Vergrösserung der Folgezeiten die Zyklusdauer variiert werden. Es ergeben sich wieder Beeinflussungen der Kriterien, Projektkontrolle und Leitung (Abb. 5.10), Kapazität (Abb. 5.11) und Hilfsmitteleinsatz (Abb. 5.12).

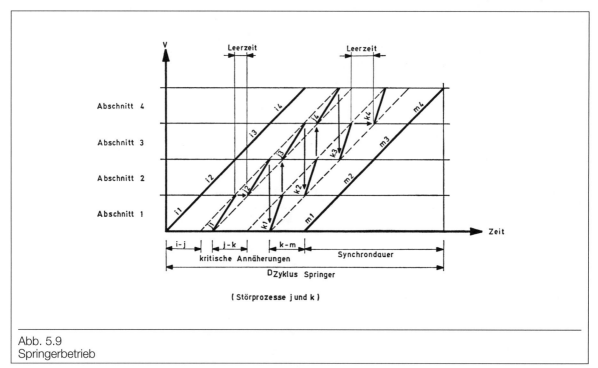

Abb. 5.9
Springerbetrieb

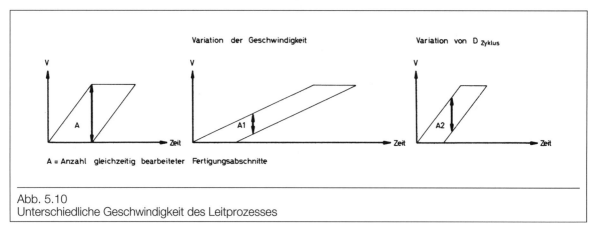

Abb. 5.10
Unterschiedliche Geschwindigkeit des Leitprozesses

Unter Berücksichtigung der Projektparameter Zeit, Kosten und Kapazität ist für jedes Projekt fallweise festzulegen, wo das Optimum liegt. In den wenigsten Fällen wird man den theoretischen Idealfall mit der grösstmöglichen Geschwindigkeit und den Folgezeiten gleich den kritischen Annäherungen wählen, da damit der gesamte Ablauf kritisch und äusserst störungsanfällig wird.

5.6 Anwendung

In der Anwendung wird sich das Zyklusprogramm aus Synchron- und Taktzyklen zusammensetzen. Kann der Bauablauf ganz oder teilweise gemäss einem Zyklusprogramm dieser Art ausgeführt werden, bringt dies folgende Vorteile mit sich:
- Durch Minimierung der Folgezeiten (kritische Annäherung) und zweckmässige Wahl der Synchrondauer kann eine minimale Bauzeit erreicht werden.

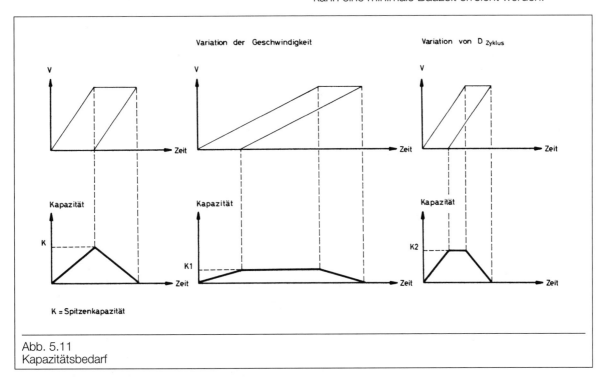

Abb. 5.11
Kapazitätsbedarf

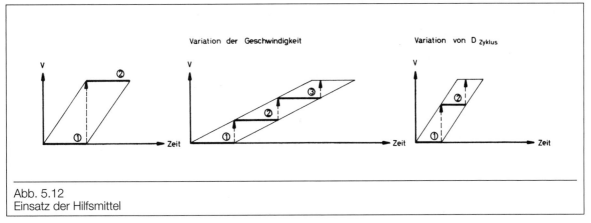

Abb. 5.12
Einsatz der Hilfsmittel

- Die einzelnen Produktionsfaktoren können kontinuierlich eingesetzt werden.
- Durch repetitive Arbeitsgänge kann der Lernprozess ausgenutzt werden.

Diesen Vorteilen sind andererseits Nachteile gegenüberzustellen:
- Hohe Störungsanfälligkeit der Abläufe; bei den einzelnen Prozessen ist Anfangs- und Endtermin zwingend festgelegt.
- Abhängigkeiten sind nicht explizit ausgewiesen.
- Abläufe mit parallel laufenden Prozessen im gleichen Abschnitt können schlecht dargestellt werden.
- Die Abhängigkeit von Fertigungsabschnitten ist zu überprüfen. In Abb. 5.13 ist als Beispiel ein Zyklusprogramm für den Rohbau eines mehrstöckigen Bürogebäudes dargestellt. Bei der Planung des Ablaufes muss nun zusätzlich berücksichtigt werden, dass für den Beginn des Prozesses «Schalen, Wände und Stützen» die Decke des darunterliegenden Abschnittes mindestens betoniert sein muss. Diese Bedingung ist im Beispiel erfüllt, wird aber bei Projekten mit flächenmässig kleineren Ausdehnungen oft bestimmend.
- Weitere Probleme bilden die schlechte Verbreitung der Raum-Zeit-Diagramme im Hochbau einerseits, die graphische Darstellung der Informationen aus den periodischen Projektkontrollen andererseits. Es empfiehlt sich deshalb in vielen Fällen, die Resultate als Balkendiagramm darzustellen.

Als Anwendungsgebiet der Zyklusprogramme stehen bis heute vor allem Rohbauarbeiten im Vordergrund. Die Begründung dieser Tatsache ist sicher darin zu suchen, dass in der Rohbauphase sehr wenige, sich immer wiederholende Arbeitsgänge (Schalen, Armieren, Betonieren) auftreten und der Einsatz von Hilfsmitteln wie Taktschalungen usw. häufig Optimierungsprobleme aufwirft.

Auch in der Ausbauphase kann aber die Methodik der Zyklusprogramme wichtige Hinweise geben (Abb. 5.14). Dabei ist zu beachten, dass es sich bei fast allen Arbeitsgattungen um spezialisierte Arbeitsgruppen handelt.

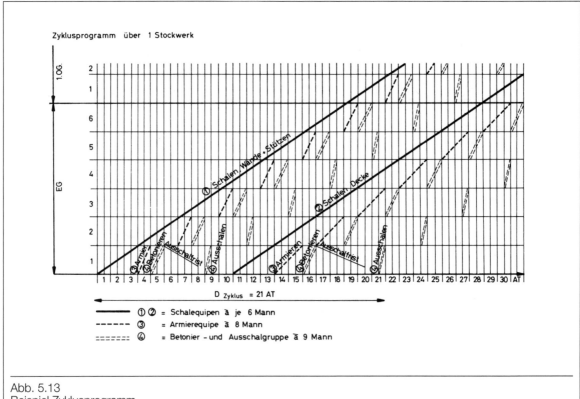

Abb. 5.13
Beispiel Zyklusprogramm

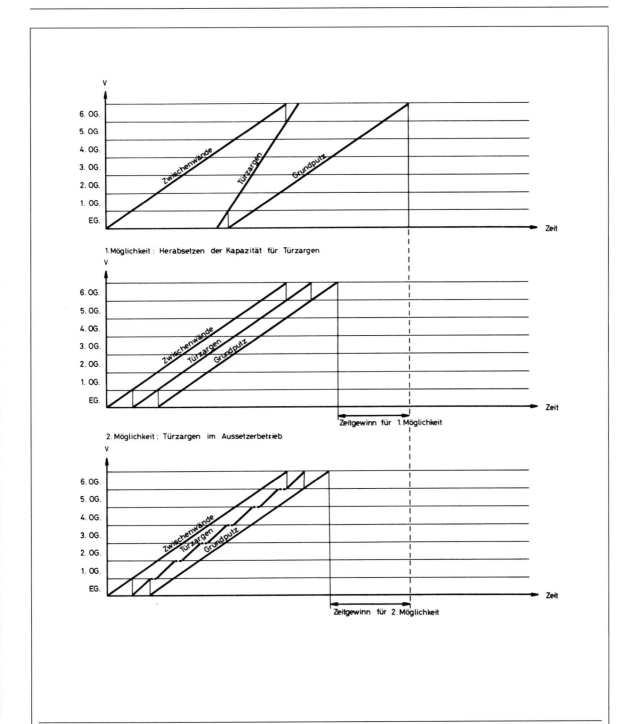

Abb. 5.14
Varianten eines Zyklus

6 Netzplantechnik

6.1 Grundlagen der Netzplantechnik

6.1.1 Leistungsumfang

Die Netzplantechnik ist das neueste der heute zur Verfügung stehenden Planungshilfsmittel. Die in den vorangegangenen Kapiteln beschriebenen Planungstechniken geben bei richtigem Einsatz gute Resultate, genügen aber für kompliziertere Projektabwicklungen kaum, bzw. man ist durch ihre Anwendung nicht in der Lage, die im Kapitel 1.3 umschriebenen Schwächen wirkungsvoll zu beseitigen. Demgegenüber kommt die Netzplantechnik den erhöhten Anforderungen weitgehend nach. Folgende Punkte tragen u.a. dazu bei:
- gut verständlicher Überblick über den Projektablauf,
- eindeutige Darstellung des logischen Ablaufes und der Abhängigkeiten der einzelnen Vorgänge,
- genauere Zeitschätzungen und darauf aufbauend Terminberechnung für alle Vorgänge, im speziellen des am meisten Zeit beanspruchenden Teilablaufes, des kritischen Weges,
- Kenntnis der in jedem Zeitpunkt benötigten Hilfsmittel und der anfallenden Kosten,
- Abgrenzung der Verantwortungsbereiche,
- Vergleich von Ablaufvarianten,
- rechtzeitige Kenntnis möglicher Störfaktoren und deren Auswirkung für den Projektablauf,
- integrierte Soll/Ist-Vergleiche bezüglich aller Planungsparameter (Ablauf, Zeit, Kapazitäten, Kosten),
- Einsatzmöglichkeit von Computern zur Entlastung von Routinearbeit.

Dank ihrer Einfachheit und Leistungsfähigkeit hat sich die Netzplantechnik innert einem Jahrzehnt weitgehend durchgesetzt.

6.1.2 Genereller Aufbau

Allen Systemen (mit wenigen Ausnahmen) gemeinsam ist die graphische Darstellung des Projektablaufes. Ein phasenweiser Aufbau erfasst alle Grössen, die mit Hilfe der Netzplantechnik verarbeitet werden.

In einer ersten Phase, der Analyse des Ablaufes, werden die zu planenden Vorgänge in den richtigen logischen Zusammenhang gebracht. Dies führt in der graphischen Darstellung zu einem Netz (Abb. 6.1).

Die zweite Phase, die Zeitanalyse, umfasst die Zeitplanung pro Teilarbeit, das Berechnen der Termine, der Zeitreserven und des am meisten Zeit beanspruchenden Teilablaufs, des kritischen Weges (Abb. 6.2).

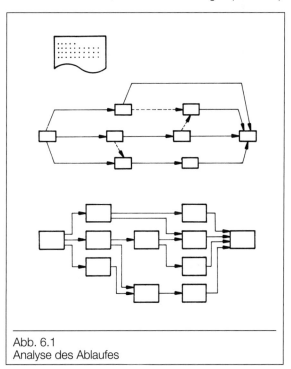

Abb. 6.1
Analyse des Ablaufes

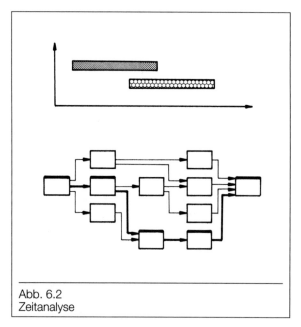

Abb. 6.2
Zeitanalyse

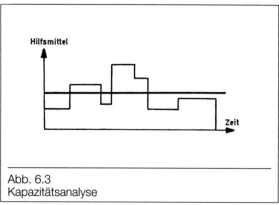

Abb. 6.3
Kapazitätsanalyse

Die dritte Phase, die Analyse der Kapazitäten und Hilfsmittel, stellt die diesbezüglichen Projekterfordernisse dem Vorhandenen gegenüber. Oft gilt es, den Wirkungsgrad bei beschleunigter Ausführung zu überprüfen (Abb. 6.3).
Schliesslich gilt die vierte Phase der Kostenanalyse. Die Informationen der Kostenvoranschläge werden gebraucht, um den zeitlichen Verlauf der Kosten zu ermitteln. Die Zunahme der Kosten bei Änderungen der wirtschaftlichsten Ausführungsart gibt Hinweise bei Projektumgestaltungen und Optimierungsproblemen (Abb. 6.4).
Da sich diese Parameter gegenseitig beeinflussen, ist ihre gesamthafte Erfassung anzustreben. Aber schon die ersten beiden Phasen (Ablauf- und Zeitplanung) haben zu ausgezeichneten Resultaten geführt. Je nachdem wo die interessierte Stelle in der Gesamtprojektorganisation liegt, kann die eine oder andere Phase mehr oder weniger Gewicht erhalten.
Wichtig ist, dass alle Informationen in der passenden Darstellung und im richtigen Umfang für die betroffene Stufe in der Projekthierarchie ausgearbeitet werden.

6.1.3 Definition der Elemente

Der Projektablauf kann in die Elemente
- Vorgang,
- Ereignis,
- Anordnungsbeziehung,

unterteilt werden.

Gemäss DIN 69900, die die Netzplanbegriffe im deutschen Sprachraum normiert, gelten folgende Umschreibungen:

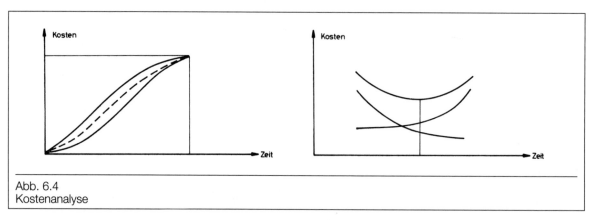

Abb. 6.4
Kostenanalyse

Vorgang
Zeiterforderndes Geschehen mit definiertem Anfang und Ende.
Da es sich bei den Vorgängen um ein zeitbeanspruchendes Element handelt, sind sie vor allem für die planenden und ausführenden Stufen von grosser Wichtigkeit (Beispiele Kap. 2.4.1). Wird dieses Element im Netzplan dargestellt, so spricht man von einem «vorgangsorientierten» Netzplan.

Ereignis
Eintreten eines definierten Zustandes im Ablauf.
Abgesehen vom Projektanfang (Startereignis) und dem Projektende (Zielereignis), kann das verbale Umschreiben gewisser wichtiger Ereignisse (Meilensteine) besonders auf Stufe Bauherrschaft von Interesse sein. Beispiele:
- Vorprojekt genehmigt
- Land verfügbar
- Brücke X provisorisch befahrbar
- Rohbau beendet usw.

Wird dieses Element im Netzplan dargestellt, so spricht man von einem «ereignisorientierten» Netzplan.

Anordnungsbeziehung
Quantifizierbare Abhängigkeit zwischen Ereignissen oder Vorgängen.
Die Gesamtheit der Anordnungsbeziehungen und der Vorgänge bildet die Ablaufstruktur.
Beispiele für Anordnungsbeziehungen:
- zwischen Ereignissen
«Ausbau beendet» und «Bezug abgeschlossen»,
- zwischen Vorgängen
«Grundwasserisolation» kann erst nach «Aushub» beginnen.

Die Elemente der graphischen Darstellung sind der Knoten und der Pfeil (Kante). Dabei gelten folgende Definitionen:
- Knoten: Verknüpfungspunkt im Netzplan,
- Pfeil: gerichtete Verbindung zwischen zwei Knoten.

Die Elemente Vorgang und Ereignis auf der Projektablaufseite lassen sich nun mit den Darstellungselementen Knoten und Pfeil kombinieren (Abb. 6.5). Aus dieser Darstellung gehen auch die Methodenbezeichnungen hervor, z.B. führt die Definition der Vorgänge auf der Projektseite und der Knoten auf der Darstellungsseite zum Vorgangsknoten-Netzplan (VKN).

Im Bauwesen dominieren die Vorgangspfeil- und Vorgangsknoten-Netzpläne, wobei die letzteren vorherrschen. In den folgenden Kapiteln werden beide Methoden dargestellt. Das Schwergewicht liegt auf dem Vorgangsknoten-Netzplan.

Projekt / Darstellung	Vorgang	Ereignis
Pfeil	Vorgangspfeil-Netzplan (VPN) ○—A→○ Vorgänge umschreiben und als Pfeile dargestellt. Die Knoten stellen Anfangs- und Endereignis dar, die aber nicht verbal definiert sind. CPM	
Knoten	Vorgangsknoten-Netzplan (VKN) →[A]→ Vorgänge umschreiben und als Knoten dargestellt. Die Pfeile stellen die Anordnungsbeziehungen zwischen bestimmten Zeitpunkten der Vorgänge dar. PDM u.a.m.	Ereignisknoten-Netzplan (EKN) →(B)→ Ereigniszustand umschrieben und als Knoten dargestellt. Die Pfeile stellen die Anordnungsbeziehung zwischen den Ereignissen dar (entsprechend nicht definierten Vorgängen). PERT

Abb. 6.5
Darstellungsformen

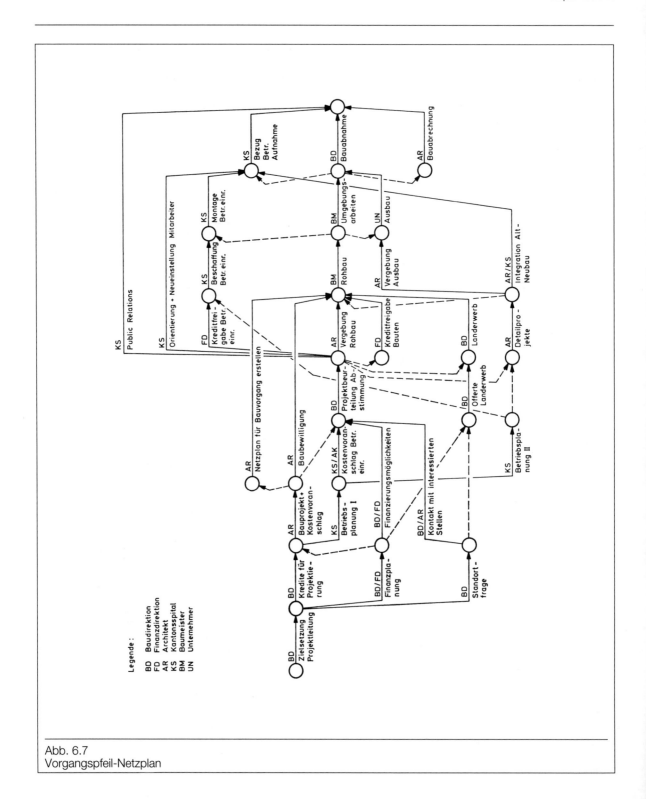

Abb. 6.7
Vorgangspfeil-Netzplan

6.1.4 Darstellungsformen

6.1.4.1 Vorgangspfeil-Netzplan (VPN)

Im Vorgangspfeil-Netzplan treten einerseits Vorgänge (Anordnungsbeziehungen zwischen Anfangs- und Endereignissen der Vorgänge als Pfeil dargestellt) und andererseits Abhängigkeiten zwischen den Zuständen verschiedener Vorgänge auf. Diese bezeichnet man als Scheinvorgänge (Anordnungsbeziehung zwischen Ereignissen verschiedener Vorgänge; als gestrichelter Pfeil dargestellt).

Die Ereignisse, die Anfang und Ende der Vorgänge bedeuten, werden als Knoten dargestellt (Abb. 6.6). In diesem Falle werden die Ereignisse nicht verbal umschrieben, jedoch durch eine Nummer gekennzeichnet.

Neben der Vorgangsbezeichnung kann man als Vereinfachung auch die Nummern der begrenzenden Ereignisse verwenden, z.B. «Fundamente betonieren» mit (10 - 12). Für allgemeine Erläuterungen bezeichnet man das Anfangsereignis mit dem Symbol i, das Endereignis mit j und den Vorgang selbst mit (i–j). Einen fertigen Netzplan, wie er aufgrund dieser Darstellung resultiert, zeigt Abb. 6.7.

6.1.4.2 Vorgangsknoten-Netzplan (VKN)

Im Vorgangsknoten-Netzplan werden vorerst nur Vorgänge dargestellt, wobei diese den Knoten zugeordnet sind (Abb. 6.8). Die Abhängigkeiten (Anordnungsbeziehung zwischen den Vorgängen) werden durch Pfeile dargestellt, wobei die genaue Art der Abhängigkeit entweder durch die graphische Darstellung oder durch Beifügen eines Symbols festgehalten wird. Der in Abb. 6.7 gezeigte Netzplan (Vorgangspfeil-Netzplan) ist in Abb. 6.9 als Vorgangsknoten-Netzplan dargestellt.

6.1.4.3 Ereignisknoten-Netzplan (EKN)

Im Ereignisknoten-Netzplan ergibt sich graphisch ein ähnliches Bild wie beim Vorgangspfeil-Netzplan. Der Unterschied liegt darin, dass die Ereignisse verbal umschrieben und im Knoten dargestellt werden. Die Abhängigkeiten (Anordnungsbeziehungen zwischen den Ereignissen) werden durch Pfeile gezeigt. Die Vorgänge bzw. die Vorgangsgruppen, die notwendig sind, um den einen Zustand in den folgenden überzuführen, sind nicht umschrieben, und deshalb bietet das Quantifizieren der Anordnungsbeziehung erhebliche Schwierigkeiten. Für das Bauwesen ist diese Methode nicht geeignet. Ihre Anwendungsstärke liegt eher im Gebiet der Forschung und Entwicklung, da sich dort wohl gewisse zu erreichende Zustände, nicht aber die erforderlichen Arbeitsgänge genauer umschreiben lassen.

6.1.5 Verknüpfungsregeln

6.1.5.1 Abhängigkeiten im Vorgangspfeil-Netzplan

Im Vorgangspfeil-Netzplan kann grundsätzlich nur die Normalfolge von Vorgängen gezeigt werden, d.h. nach Beendigung des einen Vorgangs kann dessen Nachfolger beginnen (Abb. 6.10). Damit ist auch gesagt, dass jeweils das Endereignis eines Vorgangs zum Anfangsereignis des nachfolgenden wird. Ist ein Vorgang Voraussetzung für mehrere Nachfolger, so verzweigt sich das Netz (Abb. 6.11), setzt ein Vorgang mehrere Vorgänger voraus, so bündelt sich das Netz (Abb. 6.12).

Nicht alle Abhängigkeiten können korrekt durch direktes Aneinanderreihen der Vorgänge dargestellt werden. Um den projektkonformen Ablauf richtig abbilden zu können, ist gegebenenfalls eine Anordnungsbezie-

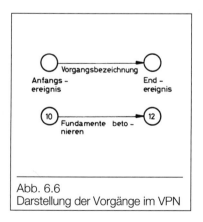

Abb. 6.6
Darstellung der Vorgänge im VPN

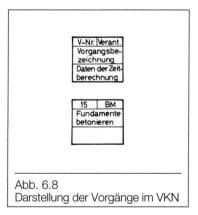

Abb. 6.8
Darstellung der Vorgänge im VKN

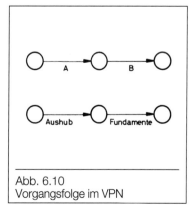

Abb. 6.10
Vorgangsfolge im VPN

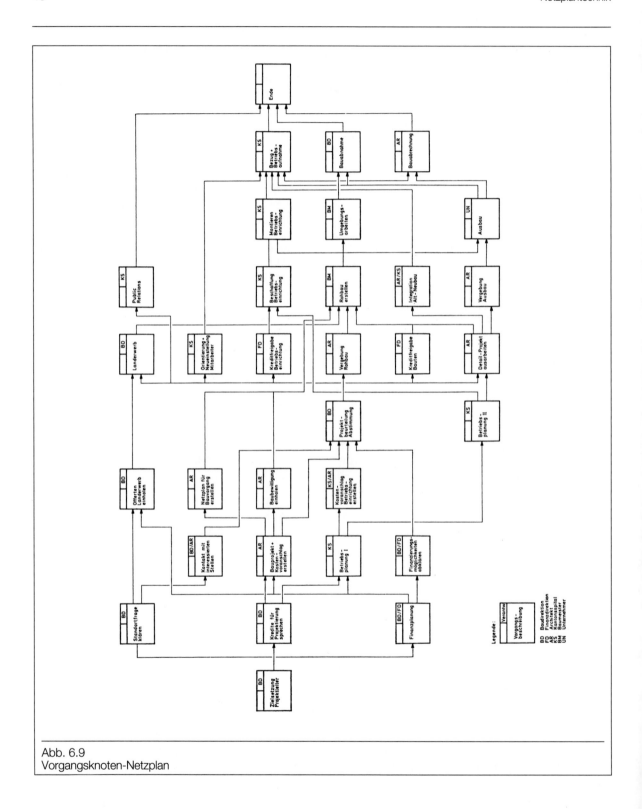

Abb. 6.9
Vorgangsknoten-Netzplan

hung zwischen Ereignissen verschiedener Vorgänge einzubauen, d.h. ein Scheinvorgang (gestrichelter Pfeil, Dauer Null). Aus Abb. 6.13 geht hervor, dass ohne Scheinvorgang eine Überabhängigkeit (zwischen A und D) bestehen würde. Besonders bei überlappenden Vorgängen, wie z.B. bei mehreren Folgen gleichartiger Arbeiten vorkommend, ist auf die richtige Verwendung der Scheinvorgänge sorgfältig zu achten (Abb. 6.14).

Ein weiterer Verwendungszweck der Scheinvorgänge ist das Vermeiden von Mehrdeutigkeiten. Neben der Kurzbezeichnung werden die Vorgänge durch die Nummern, die den Ereignissen zugeordnet werden, erfasst. Ziel ist, dass jeder Vorgang mit dem Zahlenpaar seines Anfangs- und Endereignisses eindeutig identifiziert ist (Abb. 6.15). Liegen mehrere Vorgänge zwischen zwei Ereignissen, so ist durch Einführen neuer Anfangsereignisse die Voraussetzung dafür zu schaffen; die verlorengegangenen Zusammenhänge müssen mit Scheinvorgängen wieder sichergestellt werden.

6.1.5.2 Abhängigkeiten im Vorgangsknoten-Netzplan

Im Vorgangsknoten-Netzplan können mehrere Anordnungsbeziehungen verwendet werden. Unter der Voraussetzung, dass der Vorgang nicht mehr unterteilt wird, sind seine Verknüpfungspunkte der Anfang und das Ende. Somit ergeben sich zwischen zwei Vorgängen vier Anordnungsbeziehungen:
- Ende - Anfang (Normalfolge),
- Anfang - Anfang,
- Ende - Ende,
- Anfang - Ende (Sprungfolge).

Mit dieser verfeinerten Erfassung der Abhängigkeiten ist es möglich, den Projektablauf praxisgerechter darzustellen. Es geht dabei vor allem um das Überlappen von Vorgängen sowie um die Möglichkeit des Quantifizierens der Anordnungsbeziehungen (Minimal- und Maximalabstände).

Ende-Anfang-Beziehung

Die auch als Normalfolge bezeichnete Beziehung besagt, dass der Anfang eines Vorgangs vom Ende des Vorgängers abhängt (Abb. 6.16). Es ist dies die Aussage, wie sie auch im Vorgangspfeilnetz gemacht wird. Abb. 6.17 gibt neben der Darstellung der Normalfolge auch noch den Zusammenhang zwischen den zwei Darstellungsarten wieder.

Anfang-Anfang-Beziehung

Bei dieser Beziehung ist der Anfang eines Vorganges vom Anfang seines Vorgängers abhängig (Abb. 6.18).

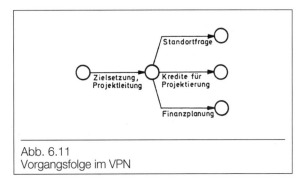

Abb. 6.11
Vorgangsfolge im VPN

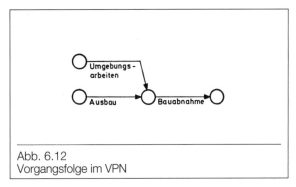

Abb. 6.12
Vorgangsfolge im VPN

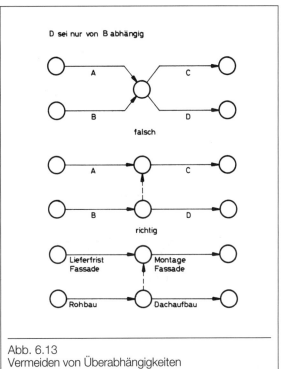

Abb. 6.13
Vermeiden von Überabhängigkeiten

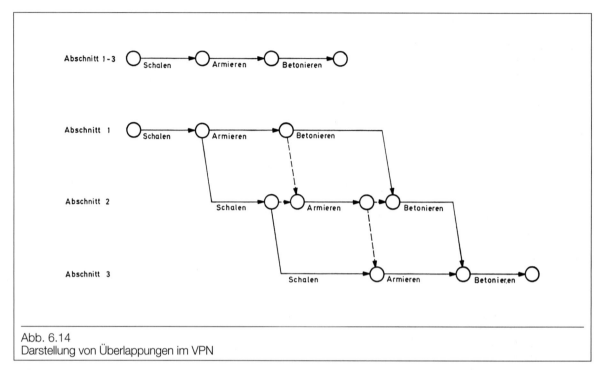

Abb. 6.14
Darstellung von Überlappungen im VPN

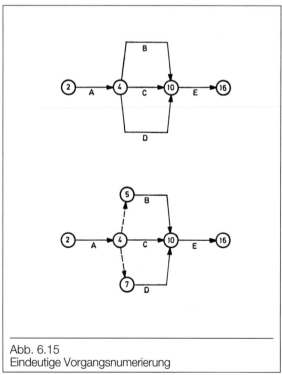

Abb. 6.15
Eindeutige Vorgangsnumerierung

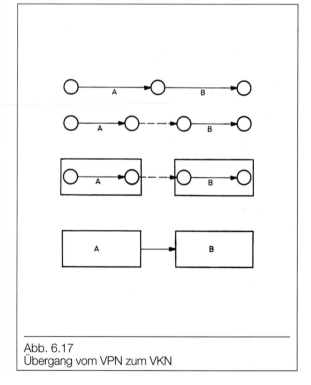

Abb. 6.17
Übergang vom VPN zum VKN

Netzplantechnik

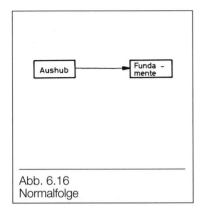

Abb. 6.16
Normalfolge

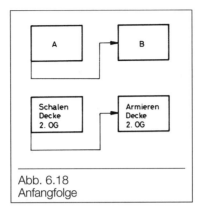

Abb. 6.18
Anfangfolge

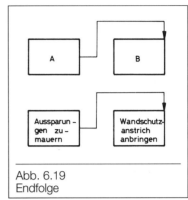

Abb. 6.19
Endfolge

Ende-Ende-Beziehung
Bei dieser Abhängigkeit ist das Ende eines Vorganges mit dem Ende seines Vorgängers verknüpft (Abb. 6.19).

Anfang-Ende-Beziehung
Bei dieser eher selten auftretenden Beziehung ist das Ende eines Vorgangs vom Anfang seines Vorgängers abhängig (Abb. 6.20).

In den bisher gezeigten Beispielen haben die verschiedenen Abhängigkeiten ihren Niederschlag in der entsprechenden graphischen Darstellung gefunden, indem der linke Knotenrand als «Anfang» und der rechte als «Ende» betrachtet wird. Bei grösseren oder bei kompakt aufgezeichneten Netzplänen kann diese Darstellung unübersichtlich werden. Als Alternative für die graphische Kennzeichnung der Beziehungen bietet sich das Codieren der Anordnungsbeziehungen an. Damit ist man in der Pfeilführung frei, einzige Bedingung ist, dass er in den abhängigen Vorgang einmündet (Abb. 6.21).
Beim Verwenden der verschiedenen Anordnungsbeziehungen muss darauf geachtet werden, dass innerhalb eines Vorgangspaares keine Widersprüche entstehen. In allen möglicherweise verwendeten Anordnungsbeziehungen muss der eine Vorgang als Vorgänger und der andere als Nachfolger vorkommen. Ein häufiger Fehler, der bei Missachtung dieser Aussage entsteht, ist das Auftreten von Schleifen. Eine Schleife liegt vor, wenn man ausgehend von einem Vorgang auf einem Weg wieder zu diesem

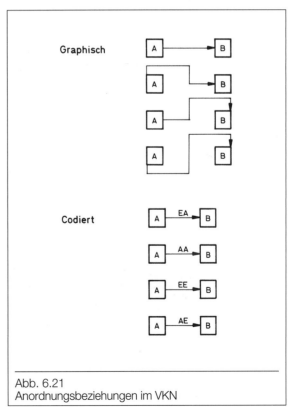

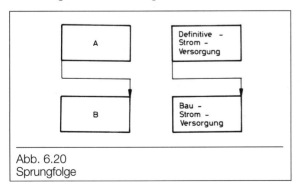

Abb. 6.20
Sprungfolge

Abb. 6.21
Anordnungsbeziehungen im VKN

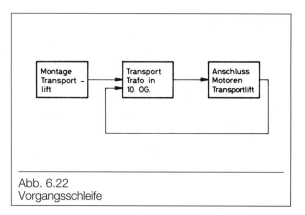

Abb. 6.22
Vorgangsschleife

Vorgang zurückgeführt wird (Abb. 6.22). Aus diesem Grunde müssen repetitive Vorgänge in der Zahl, mit der sie sich wiederholen, dargestellt werden. Abb. 6.23 zeigt als Beispiel den ringweisen Aufbau des Betonmantels für ein Reaktorgebäude. Beim Betonieren bildet eine Stahlauskleidung die innere Schalung, ein umhängbares Gerüst die äussere. Unter Umständen kann sich ein gruppenweises Erfassen als genügend erweisen. Bei der Darstellung von Überlappungen wirkt sich die Verwendung der Anordnungsbeziehungen vereinfachend aus. Dabei wird allerdings nicht spezifiziert, welcher Vorgangsteil für die Überlappung vorgesehen ist. Sollen diese explizit ausgewiesen werden, so kommt dies einer Verfeinerung des Netzplanes gleich (Abb. 6.24). Dieser gesteigerte Feinheits-

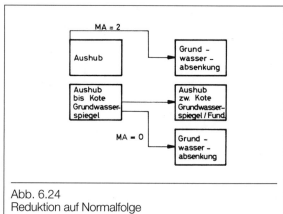

Abb. 6.24
Reduktion auf Normalfolge

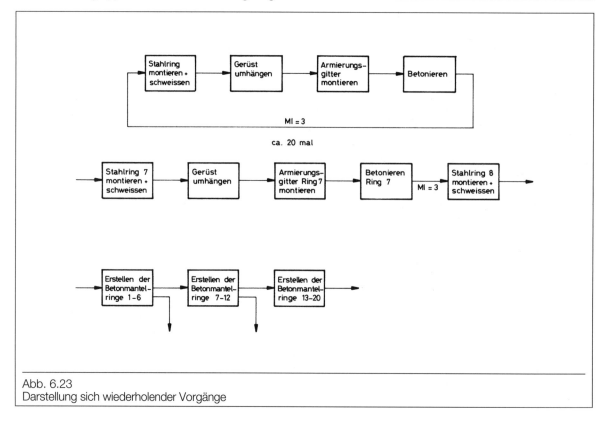

Abb. 6.23
Darstellung sich wiederholender Vorgänge

grad darf aber nicht nur durch die Darstellung begründet sein, sondern durch ein echtes, erweitertes Informationsbedürfnis.

Abstände
Mit den vorangehend beschriebenen Anordnungsbeziehungen lassen sich die Überlappungen noch nicht vollständig projektablaufgerecht zeigen. Die zusätzlichen Forderungen führen dazu, diese Abhängigkeiten zu quantifizieren. Dadurch entstehen Abstände, wobei zwei Arten unterschieden werden können:
- Minimalabstand:
Abstand, der eingehalten werden muss, aber auch überschritten werden darf;
- Maximalabstand:
Abstand, der nicht überschritten, aber unterschritten werden darf.

Diese Abstände können positive Masszahlen aufweisen. Sie kommen so Wartezeiten gleich. Werden auch negative Zahlen zugelassen, bedeutet dies eine Vorziehzeit.

Minimal- wie Maximalabstände können bei allen vier Anordnungsbeziehungen definiert werden. An einigen Beispielen sei die Bedeutung dieser Abstände noch etwas verdeutlicht (Abb. 6.25):

Ende-Anfang-Beziehung, Minimalabstand
Nach Ende «Betonieren» darf nicht sofort mit dem «Ausschalen» begonnen werden, sondern erst nach 7 Tagen.

Anfang-Anfang-Beziehung, Maximalabstand
Eine Grossbaustelle liefert 100'000 m³ Aushub (20 Wochen). In der Nähe besteht die Möglichkeit, einen Damm zu schütten. Im Fall der nicht vollständigen zeitlichen Abstimmung kann eine Zwischendeponie errichtet werden, die allerdings nur 25'000 m³ fasst. Nach dem Anfang «Aushub» darf der Anfang «Dammschütten» nicht mehr als 25% bzw. 5 Wochen später liegen.

Ende-Ende-Beziehung, Minimalabstand
Die «Lieferung der Stahlsäulen» muss mindestens 8 Wochen vor dem «Rohbau» abgeschlossen sein, um deren Einbau im obersten Stockwerk sicherzustellen.

Anfang-Ende-Beziehung, Minimalabstand
Die «Wasserhaltung» ist so lange zu betreiben, bis der im Grundwasser stehende «Rohbau»-Teil erstellt ist (mindestens 2 Wochen).

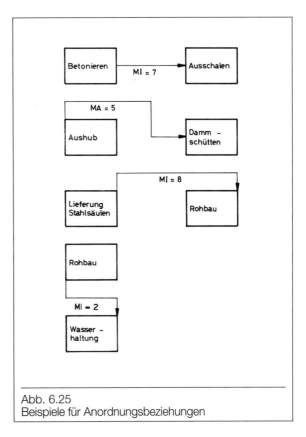

Abb. 6.25
Beispiele für Anordnungsbeziehungen

Will man einen Abstand genau oder innerhalb eines spezifizierten Toleranzabstandes vorschreiben, so kommt dies einem Festlegen eines Minimal- als auch eines Maximalabstandes gleich. Beim Quantifizieren der Abstände muss darauf geachtet werden, dass sie zusammen mit den Vorgangsdauern verträglich sind (Abb. 6.26).

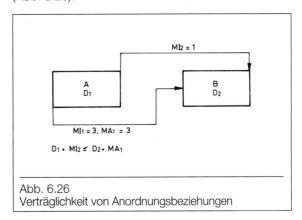

Abb. 6.26
Verträglichkeit von Anordnungsbeziehungen

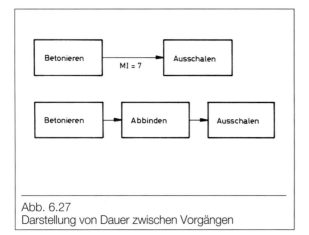

Abb. 6.27
Darstellung von Dauer zwischen Vorgängen

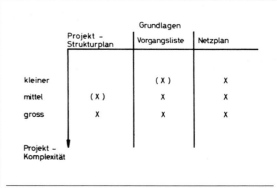

Abb. 6.28
Einstieg für die Vorgangserarbeitung

Werden Abstände definiert, muss man sich fragen, ob dieses zeitbeanspruchende Geschehen nicht als Vorgang dargestellt werden sollte (Abb. 6.27). Je nach Situation kann dies im Ermessen des Netzplaners sein oder aber durch Randbedingungen vorgegeben sein. Sobald Einsatzmittel gebraucht werden oder Kosten anfallen und diese Parameter in die Planung einbezogen werden, wird die Verwendung des Vorgangs zwingend (z.B. Schalungsmaterial während der Abbindezeit). Auch bei der Verwendung unterschiedlicher Arbeitskalender, die bei den meisten Computer-Programmen nur für die Vorgänge, nicht aber für die Anordnungsbeziehungen gelten, kann der Vorgang im Vordergrund stehen. Sind keine solchen Randbedingungen vorhanden, wirkt sich das Benutzen der Abstände sicher vereinfachend auf den Netzaufbau bzw. auf die Netzgrösse aus.

6.2 Ablaufanalyse

6.2.1 Grundlagen für Netzplanentwurf

Die Grundlagen, die für einen Netzplanentwurf notwendig sind, können stark variieren. Sie hängen von
- der Komplexität des Projektes,
- der Art der Informationsquelle (z.B. viele oder wenige Informationslieferanten),
- der Qualität der Informanden,
- der Qualität des Planers

ab. Je nach Situation können stufenweise die folgenden Grundlagen zweckmässig sein:
- Projektstrukturplan,
- Vorgangsliste,
- Erfahrung des Planers.

Von Fall zu Fall ist zu überlegen, bei welcher Stufe im konkreten Fall der Einstieg zu wählen ist (Abb. 6.28). Standardausgangspunkt ist eine gute Vorgangsliste, ausgelegt für den Informationsverbraucher (Bauherr, Projektleiter, Unternehmer). Bei einfachen Projekten und guten Projektkenntnissen kann u. U. gleich mit dem ersten Netzplanentwurf begonnen werden.

6.2.2 Entwurf des Netzplanes

Ziel der Ablaufanalyse ist es, die definierten Vorgänge in die richtigen Zusammenhänge zu bringen, unter Berücksichtigung der Ablauflogik und der bestehenden Richtlinien der Projektleitung. Es geht dabei darum, jeden Vorgang einzeln zu betrachten und ihn mit seinen Vorgängern bzw. Nachfolgern, d.h. mit seiner «Umwelt» in Beziehung zu bringen. Mit einer systematischen Fragetechnik wird diese Verknüpfung hergestellt:

1a) Welche Vorgänge *müssen* unmittelbar vor dem betrachteten Vorgang ganz oder teilweise beendet sein?
Die Antwort umfasst die Vorgänge, die
- physisch notwendig sind (z.B. Wände als Voraussetzung für Decke),
- dieselbe, bereits festgelegte Leitkapazität beanspruchen (z.B. Kran),
- durch Management-Richtlinien in ihrer Folge bestimmt sind (Geschäftspolitik, Branchenpraxis, Sicherheitsfragen usw.)

und damit ausserhalb des direkten Einflussbereiches des Planungsteams stehen.

Netzplantechnik

1b) Welche Vorgänge *können* bzw. *sollen* unmittelbar vor dem betrachteten Vorgang ganz oder teilweise beendet sein?
In der Antwort auf diese Fragen spiegelt sich die Kompetenz und die Vorstellungskraft des Planungsteams, da durch die gefassten Entscheide festgelegt wird, ob schliesslich ein guter oder schlechter Projektablauf herauskommt.
2) Welche Vorgänge können erst nachher beginnen?
Diese Frage kommt einer Kontrolle gleich, da sie sich mit Frage 1, bezogen auf den Nachfolger, deckt.
3) Welche mit dem betrachteten Vorgang in irgendeiner Beziehung stehenden Vorgänge können parallel ausgeführt werden?
Die Antwort kann z.B. Einschränkungen durch räumliche Verhältnisse berücksichtigen.
4) Kann der betrachtete Vorgang noch unterteilt werden?
Die Antwort kann aufzeigen, ob weitere Überlappungen denkbar sind.
Bei der Systematik der beschriebenen Fragetechniken kann es vorkommen, dass damit noch Ergänzungen zu den bereits in der Vorgangsliste festgehaltenen Vorgängen gefunden werden. Wo soll nun mit dem Durchdenken der Zusammenhänge begonnen werden? In der Regel wird beim Projektstart begonnen, was weitgehend dem Projektablauf entspricht. Selten ist die umgekehrte, zielgerichtete Vorgehensweise, wobei beim Projektende angefangen wird. Es kann aber auch vorkommen, dass dort im Projektablauf begonnen wird, wo die besten Informationen vorhanden sind. Gleich einem Kristallisationskern werden dann die vorhergehenden und nachfolgenden Vorgangsgruppen eingeplant. Da meistens die Informationen für die erste Projektphase am besten bekannt sind, wird in der Regel am Projektanfang begonnen. Das Netz zeigt dann für diese erste Phase eine feinere Unterteilung als für die unsicheren, noch in der ferneren Zukunft liegenden Teile des Projektablaufes. Abgesehen davon, wo mit dem Netzaufbau begonnen wird, gilt, dass die einzelnen Vorgänge so eingeplant werden, dass ihr Anfang wirklich nur von den Vorgängen, die Voraussetzung sind, abhängig gemacht wird. Dieselbe strenge Logik, noch losgelöst von jedem zeitli-

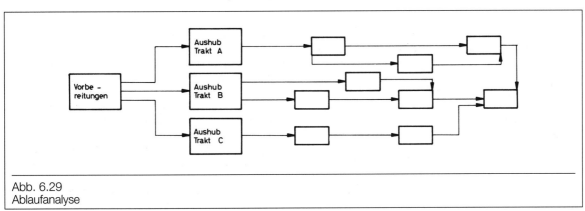

Abb. 6.29
Ablaufanalyse

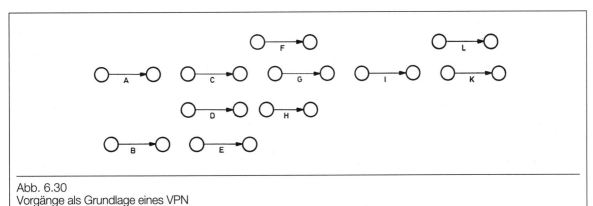

Abb. 6.30
Vorgänge als Grundlage eines VPN

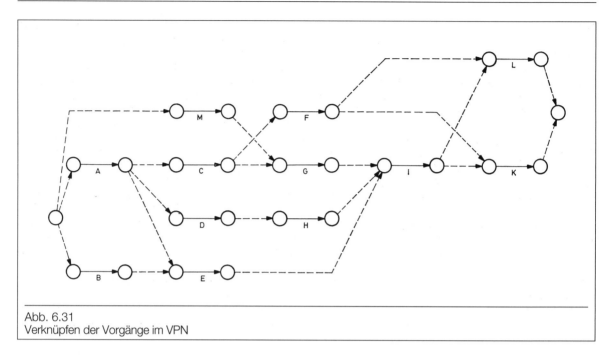

Abb. 6.31
Verknüpfen der Vorgänge im VPN

chen, kapazitäts- oder kostenmässigen Einfluss, gilt auch für die Zusammenhänge um das Vorgangsende. Es wird also manchmal bewusst ein «unrealistisches» Netz aufgebaut, mit der Absicht, anschliessend aus dem Gesamtrahmen heraus Engpässe zu lösen.

Bei einem Hochbau wird angenommen, dass nach hier nicht näher umschriebenen Vorbereitungsarbeiten der Aushub für Trakt A, B und C beginnen kann (Abb. 6.29). Von der Kapazitätsseite soll gelten, dass nur eine Maschinengruppe diese drei Arbeiten ausführen wird. Die beste Vorgangsfolge lässt sich nicht unmittelbar bestimmen, sondern erst in Kenntnis des Gesamtnetzes mit dessen Charakteristiken (Kap. 8.3.4). Diese Arbeitsweise führt oft von konventionellen Lösungen weg und gibt Hinweise zur optimalen Gestaltung des Projektablaufes.

6.2.3 Darstellung der Ablaufstruktur

6.2.3.1 Darstellung als Vorgangspfeil-Netzplan

Der Aufbau des Vorgangspfeil-Netzplanes kann auf zwei Arten erfolgen.

Im ersten Fall wird angestrebt, das Netz bereits im ersten Entwurf möglichst nahe dem Endzustand zu erhalten. Dabei werden die Vorgänge gemäss den beschriebenen Verknüpfungsregeln (Kap. 6.1.5.1) zusammengefügt. Fehler, vor allem Überabhängigkeiten, sind bei diesem Vorgehen wohl kaum ganz auszuschliessen.

Im zweiten Fall geht man schrittweise vor. Ein Teil der Vorgänge, die sich zum Beispiel auf eine Phase (Projektierung, Rohbau, Ausbau usw.) oder einen Projektteil beziehen, werden herausgegriffen und aufgezeichnet (Abb. 6.30). Als weiterer Schritt folgt nun das Verknüpfen der einzelnen Vorgänge mit Scheinvorgängen (Abb. 6.31). In diesem Beispiel sollen die aufgezeichneten Vorgänge das ganze Projekt darstellen. Deshalb wird das Netz mit einem Start- und einem Zielereignis ergänzt. Jeder der eingeführten Scheinvorgänge kommt hinsichtlich der Bestimmung der Vorgangsfolge einer Entscheidung des Planungsteams gleich. Der in dieser Phase erarbeitete Ablaufplan ist äusserst sorgfältig aufzubauen, denn er stellt anschliessend eine genaue Arbeitsanweisung für die Projektabwicklung dar. Sind alle Vorgänge richtig verknüpft, kann mit der Vereinfachung des Netzes begonnen werden. Bei dieser Bereinigung muss streng darauf geachtet werden, dass nur überflüssige Scheinvorgänge eliminiert werden, da sonst nachträglich Fehler in die Ablaufstruktur gebracht werden. Abb. 6.32 zeigt den bereinigten Netzplan aus Abb. 6.31. Bei dieser Bereinigung ist auch darauf zu achten, dass oft gemachte Fehler wie Schleifen, unbeabsichtigte Start- und Zielereignisse u.a.m. ausgemerzt werden.

Netzplantechnik

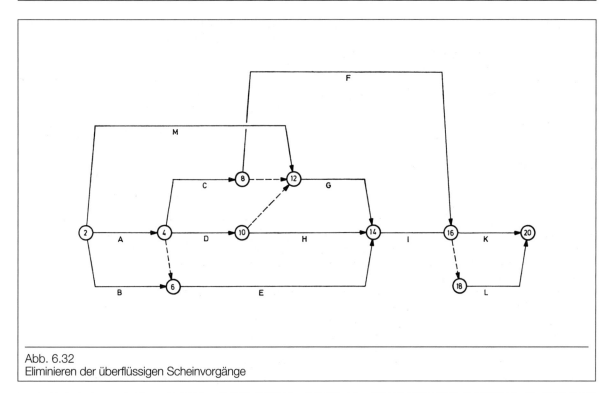

Abb. 6.32
Eliminieren der überflüssigen Scheinvorgänge

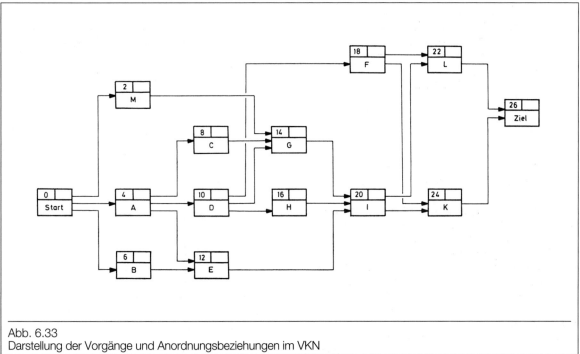

Abb. 6.33
Darstellung der Vorgänge und Anordnungsbeziehungen im VKN

Bezüglich der zeichnerischen Darstellung sind folgende Hinweise zu empfehlen:
* Entwurf in Bleistift auf kopierfähiger Unterlage,
* alle Pfeile weisen ein horizontales Stück auf (für die Beschriftung),
* Beschriftung unter dem Pfeil (in einer für alle leserlichen Art und Weise),
* anzustreben (aber nicht zwingend) ist, dass die Pfeile von links nach rechts laufen.

6.2.3.2 Darstellung als Vorgangsknoten-Netzplan

Graphisch

Der Aufbau des Vorgangsknoten-Netzplanes geht im Prinzip gleich vor sich, wie dies für den Vorgangspfeil-Netzplan in Abb. 6.32 dargestellt ist. Unter Berücksichtigung eines festgelegten Ordnungsbegriffs (Kap. 6.2.4) werden die Vorgänge aufgezeichnet (bzw. aufgeklebt). Dabei werden die Vorgänge der Vorgangsliste um die Vorgänge «Start» und «Ziel» ergänzt. Anschliessend wird unter Zuhilfenahme der beschriebenen Fragetechnik der richtige Zusammenhang zwischen den Vorgängen ermittelt (Abb. 6.33).
Je nachdem wie viele Informationen pro Vorgang im Knoten ausgewiesen werden sollen, ist dieser zu gestalten (Abb. 6.34).

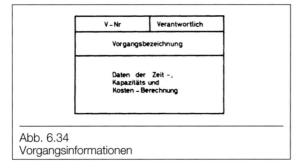

Abb. 6.34
Vorgangsinformationen

Für die zeichnerische Darstellung sind folgende Punkte zu beachten:
* die Knoten werden entweder mit einem Stempel aufgedruckt und dann ausgefüllt oder durch Verwenden von Selbstklebefolien vorgängig mit Schreibmaschine oder Computer beschriftet,
* für das Auftragen der Knoten ist ein Raster von Vorteil,
* anzustreben ist, dass die Anordnungsbeziehungen von links nach rechts laufen.

Tabellarisch

Mindestens für den Schritt Ablaufanalyse wäre ein Weglassen der graphischen Darstellung denkbar. An deren Stelle tritt eine erweiterte Vorgangsliste, die pro Vorgang um dessen Vorgänger und Nachfolger ergänzt wird (Abb. 6.35).

Diese Methodik setzt ein höheres Abstraktionsvermögen voraus. Bei grösseren Projektabläufen kann sich der scheinbare Vorteil (Einsparen von Zeichenaufwand) ins Gegenteil verwandeln. Gerade im Bauwesen wird von den meisten Beteiligten eine graphische Darstellung zum raschen Erfassen der Übersicht vorgezogen.

6.2.4 Gliederung des Netzplanes

Bei grösseren Netzplänen drängt sich zur besseren Übersicht eine Gliederung der Vorgänge auf. Diese Gliederung kann nach verschiedenen Gesichtspunkten vorgenommen werden:

Verantwortliche Stelle

Die Vorgänge derselben verantwortlichen Stelle werden innerhalb eines Streifens des Netzplanes dargestellt (Abb. 6.36).

Arbeitsarten

Die Vorgänge gleicher Arbeitsart können zusammen-

Vorgang	Vorgänger	Nachfolger
Start	–	A, B, M
A	Start	C, D, E
B	Start	E
C	A	G
D	A	G
E	A, B	I
F	D	L, K
G	M, C, D	I
H	D	I
I	G, H, E	L, K
K	F, I	Ziel
L	F, I	Ziel
M	Start	G

Abb. 6.35
Vorgangsabhängigkeiten in Tabellenform

Abb. 6.36
Netzplangliederung

gefasst werden, so z.B. Projektierung, Landerwerb, Ausführung Rohbau, Ausführung, Ausbau usw.

Ort
Vorgänge, die sich auf denselben Ort beziehen, sind zusammengefasst. Beispiele: Brücke 27, 3. Stockwerk, Kanalstück km 1,7 - 1,9.

Zusammenfassbarkeit
Bei grösseren Projekten sind die Informationen oft mehrstufig in verschiedenen Feinheitsgraden darzustellen (Kap. 8). Dabei ist es in der Regel so, dass geschlossene Vorgangsgruppen im verdichteten (übergeordneten) Netzplan als Sammelvorgang gezeigt werden (Abb. 6.37).

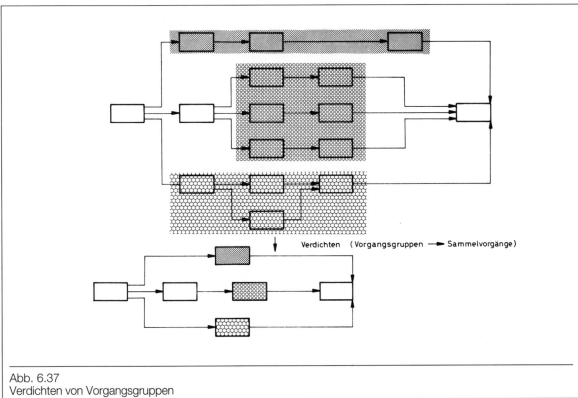

Abb. 6.37
Verdichten von Vorgangsgruppen

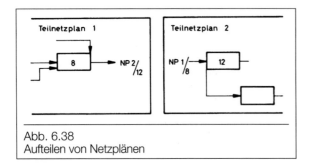

Abb. 6.38
Aufteilen von Netzplänen

Grösse

Netzpläne sollten nicht zu gross werden, da sie sonst unhandlich werden. An und für sich kann der Schnitt zur Aufteilung beliebig erfolgen, doch wird man darauf achten, eine Gruppierung zu finden, die beim Aufteilen möglichst wenig Schnittstellen ergibt, um die Übersichtlichkeit zu wahren. Bei allen unterbrochenen Vorgängen, bzw. Anordnungsbeziehungen muss festgehalten sein, zu welchem Teilnetzplan sie führen bzw. von welchem sie kommen (Abb. 6.38).

Es ist darauf hinzuweisen, dass im aufgezeichneten Netzplan aus Aufwandgründen nur eine Gruppierung festgehalten wird. Aufgrund der bestehenden Informationsbedürfnisse ist abzuklären, welche Gliederung im gegebenen Fall vorzuziehen ist.

Wird mit dem Computer gearbeitet, lassen sich maschinell erstellte Balkendiagramme oder mit dem Plotter gezeichnete Netzpläne beliebig sortiert bzw. gegliedert darstellen (Kap. 6.4).

6.2.5 Numerierung des Netzplanes

Mit der Numerierung der Vorgänge im Vorgangsknoten-Netzplan bzw. der Knoten (Ereignisse) im Vorgangspfeil-Netzplan wird eine eindeutige Kennzeichnung der Vorgänge möglich (Abb. 6.39).

Anstelle der Vorgangsbeschreibung kann die Vorgangsnummer verwendet werden, was vor allem für Querreferenzen verschiedener Dokumente (z.B. Vorgangsliste, Netzplan) sowie systematische Anordnungen von Vorteil ist.

Es empfiehlt sich, speziell in grösseren Netzplänen, eine gewisse Ordnung, sei es durch aufsteigende Numerierung oder durch Numerieren
- primär von links nach rechts,
- sekundär von oben nach unten (Abb. 6 40).

Diese systematischen Numerierungen bringen Ordnung und Übersicht in den Plan, was bei grösseren Plänen unerlässlich ist. Das Offenhalten von Reservenummern hat den Vorteil, dass bei Ergänzungen, d.h. bei späterem Einfügen von Vorgängen Nummern zur Verfügung stehen, die in den verlangten Bereich passen (nur gerade Zahlen oder Sprünge von 5 oder 10 usw.). Besteht eine Projektstruktur, so wird den Vorgangsnummern in der Regel die Arbeitspaketnummer vorangestellt.

Werden Verdichtungen vorgesehen (Abb. 6.37), ist bei der Numerierung darauf Rücksicht zu nehmen.

6.2.6 Vergleich der Darstellungsformen

Da sich die Hauptunterschiede des Vorgangsknoten- und Vorgangspfeil-Netzplanes (VKN bzw. VPN) auf die Darstellung der Ablaufstruktur beziehen, seien diese anschliessend kurz zusammengestellt.

Anordnungsbeziehungen

- Anordnungsbeziehungen, die über die Normalfolge (Ende-Anfang) hinausgehen, lassen sich mit dem VKN ohne zusätzliche Vorgangsunterteilungen darstellen.

Abb. 6.39
Vorgangsnumerierung

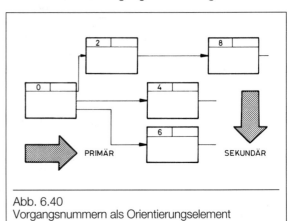

Abb. 6.40
Vorgangsnummern als Orientierungselement

Dadurch erhält das VKN bei gleicher Vorgangszahl eine grössere Aussagekraft.
• Scheinvorgänge fallen im VKN weg.
• Durch die Quantifizierbarkeit der Anordnungsbeziehungen des VKN (Abstände) fallen die im VPN speziell auszuweisenden Wartezeiten weg.
• Im VKN kann ein planungstechnisches Unterteilen von Vorgängen, die arbeitsmässig in einem Zug erledigt werden müssen, vermieden werden.
• Die vorgängig erwähnten Punkte sind der Grund für eine kleinere Vorgangszahl im VKN.

Strukturerstellung
Die Strukturerstellung des VKN kann vor allem bei Projekten mit standardisierbaren Vorgängen durch das Verwenden von geeigneten Hilfsmitteln (Klebefolien, Stempel) rationalisiert werden.

Ergänzungen/Änderungen
Beim VKN erfordert das Ändern oder Ergänzen einzelner Vorgänge keine weiteren Korrekturen als das Umhängen oder Auswischen der entsprechenden Anordnungsbeziehungen. Im VPN bedeuten diese Veränderungen infolge der Identität von Anfangs- und Endereignis vielfach das Auflösen von Knoten. Dies beinhaltet immer etwas die Gefahr von entstehenden Überabhängigkeiten.

Numerierung
Im VKN ist jeder Vorgang numeriert. Diese Nummer behält er auch im Fall von Änderungen. Im VPN geschieht die Kurzbezeichnung eines Vorganges über das Zahlenpaar von Anfangs-/ Endereignis, was bei Strukturänderungen oft zu Umnumerierungen führt.

Verständnis
Bei vielen Benutzern der Netzplantechnik ist das Verständnis für das VPN leichter zu finden, da die gedankliche Verbindung zum den meisten bekannten Balkendiagramm leichter zu finden ist.
Aufgrund der Unterschiede in der Darstellung der Ablaufstruktur, die allerdings noch keine abschliessende Beurteilung zulassen, kann man feststellen, dass die Anwendung des VKN berechtigterweise mehr und mehr in den Vordergrund rückt. Wichtiger noch, als welche Methode gewählt wird, ist die genaue und sorgfältige Durchführung der Ablaufanalyse, von deren Wert die ganzen weiteren Planungs- und Überwachungsarbeiten massgeblich abhängen.

6.2.7 Resultate der Analyse des Ablaufes

Das Durchdenken und Festhalten des Projektablaufes gehört zu den aufwendigsten Schritten im gesamten Aufbau des Planungssystems. Dafür handelt es sich hier um einen der produktivsten Schritte. Für die korrekte und übersichtliche Darstellung benötigt man einige Übung und Erfahrung.
Folgende Vorteile stehen diesen Anstrengungen gegenüber:
• Zwang zum vorherigen Durchdenken des gesamten Projektablaufes. Hängige Fragen und Entscheide treten dadurch oft so früh zutage, dass sie noch in Ruhe gelöst werden können.
• Die graphische Darstellung des gesamten Ablaufes zeigt allen Beteiligten, wie sich ihre Arbeiten in diesen projektumfassenden Rahmen eingliedern. Nicht nur der «allwissende» Projektleiter, sondern alle Beteiligten können sich vor Projektbeginn ein klares Bild von der geplanten Projektrealisierung machen.
• Verglichen mit herkömmlichen Methoden wird feiner geplant (nicht zu fein!). Das vorherige Durchdenken, verbunden mit der systematischen Fragetechnik, führt oft zu unkonventionellen Lösungen (bezüglich Arbeitsmethode, Zeitaufwand u.a.m.). Dies kommt einer Objektivierung der Ablaufplanung gleich (Überbordwerfen vorgefasster Meinungen).
• Bereits bei der Analyse des Ablaufes zeigen sich die Vorteile der gemeinsamen Sprache und Darstellung des Projektablaufes, speziell wenn es darum geht, rasch und gezielt Probleme aufzuzeigen. Aufgewertet wird dieser Punkt noch, wenn nicht alle Beteiligten der Distanzen wegen laufend zu Besprechungen zusammengerufen werden können, sondern gewisse Probleme auf dem Korrespondenzweg gelöst werden müssen.

6.3 Zeitanalyse

6.3.1 Einleitung

Mit der Zeitanalyse wird der zweite Schritt in der Betrachtung des Projektes durchgeführt. Das Ziel besteht darin, die vorliegende Ablaufstruktur, die bis jetzt nur die Zusammenhänge aufzeigt, in zeitlicher Hinsicht zu analysieren.
Folgende Fragen sollen beantwortet werden können:
• Wie lange dauert das Projekt?
• Welche Folge von Arbeitsgängen ist für diese Zeit massgebend (kritischer Weg)?

- Werden vorgegebene Zeitpunkte eingehalten?
- Wann bzw. in welchen Zeiträumen müssen die einzelnen Vorgänge durchgeführt werden?

Die im Rahmen der Zeitanalyse auf diese Fragen zu gebenden Antworten werden vor allem für die Bauherrschaft und Projektleitung recht gute Informationen liefern. Um zu einem für alle realistischen Resultat zu gelangen, ist allerdings noch abzuschätzen, ob weitere Parameter (Kapazitäten/Kosten) einen verändernden Einfluss bewirken könnten.

6.3.2 Berechnung der Zeitpunkte

Die Berechnung aller interessierenden Zeitpunkte basiert auf dem aufgebauten Netzplan (Ablaufstruktur) und den für die einzelnen Vorgänge festgelegten Dauern (Kap. 2.4.2). Bei diesem Berechnungsgang unterscheidet man zwei Schritte:
- Vorwärtsdurchrechnung,
- Rückwärtsdurchrechnung.

Beim Vorwärtsdurchrechnen erhält man die frühesten Zeitpunkte, wobei dies für die Vorgänge bedeutet:
- frühester Anfang, FA
  (frühester Anfangszeitpunkt, FAZ),
- frühestes Ende, FE
  (frühester Endzeitpunkt, FEZ).

Damit ist ausgesagt, wann ein Vorgang frühestens beginnen bzw. beendet sein kann.
Ausgegangen wird beim Vorwärtsdurchrechnen vom Startereignis bzw. vom Anfang des Startvorgangs, wobei diesem Zeitpunkt der Wert 0 zugeordnet wird. Durch eine laufende Addition entlang der verschiedenen Wege gelangt man zum Zielereignis bzw. zum Ende des Zielvorgangs.
Der dafür bestimmte Wert zeigt, wann das Projekt frühestens beendet sein kann. In diesem Moment ist ein erster Vergleich von berechnetem und gewünschtem Projektendzeitpunkt möglich. Für das unmittelbar weitere Vorgehen soll gelten, dass diese übereinstimmen. Für das Projektende wird nun die Annahme getroffen, dass das berechnete früheste Ende gleich dem spätest erlaubten sein soll. Ausgehend von dieser Basis kann das Rückwärtsdurchrechnen durchgeführt werden.

Beim Rückwärtsdurchrechnen werden die spätesten Zeitpunkte ermittelt. Für die Vorgänge heisst dies:
- spätester Anfang, SA
  (spätester Anfangszeitpunkt, SAZ),
- spätestes Ende, SE
  (spätester Endzeitpunkt, SEZ).

Mit diesen Werten ist festgehalten, wann ein Vorgang spätestens beginnen bzw. beendet sein muss. In den folgenden Kapiteln ist der Rechenvorgang für die beiden Darstellungen (VPN, VKN) aufgezeigt.

6.3.2.1 Berechnung der Zeitpunkte im Vorgangspfeil-Netzplan

Bei der Berechnung des Vorgangspfeil-Netzplanes ist zu beachten, dass nicht direkt die vier Zeitpunkte der Vorgänge, sondern die frühesten und spätesten Ereigniszeitpunkte (FZ, SZ) bestimmt werden. Für Vorgänge mit eigenem Anfangs- und Endereignis ergibt sich zahlenmässig dieselbe Aussage, nicht dagegen bei Ereignissen, bei denen sich Vorgänge verzweigen oder bündeln.

Für das Eintragen von FZ und SZ wird der Ereignisknoten vergrössert und dreigeteilt. Oben wird die Ereignisnummer, im linken Feld FZ und im rechten Feld SZ eingetragen (Abb. 6.41).

Für das Startereignis wird FZ = 0 angenommen. Der früheste Zeitpunkt des Anfangsereignisses ist gleich dem frühesten Anfang der ausgehenden Vorgänge:

$$FZ\ (i) = FA\ (i\text{--}j)$$

Ausgehend vom frühesten Anfang FA und der Vorgangsdauer D gelangt man zum frühesten Ende FE:

$$FA + D = FE \text{ (alles auf i--j bezogen)}$$

Abb. 6.42 zeigt die ausgeführte Berechnung. So ist zum Beispiel mit dem Abschluss von A (FE = 4) der früheste Zeitpunkt für das Ereignis 4 gegeben, da keine weiteren Vorgänge mehr einmünden. Dagegen enden bei Ereignis 14 die Vorgänge G (FE = 18), H (FE = 15) und E (FE = 9). Da der folgende Vorgang I den Abschluss aller drei Vorgänge voraussetzt, ist der zeitlängste, d.h. G massgebend (Abb. 6.43). Dessen Pfeil wird markiert, und sein Wert FE = 18 wird im Ereignis 14 eingetragen (FZ = 18). Damit ist wiederum der frü-

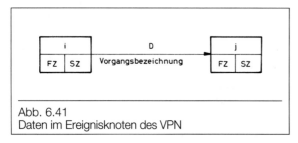

Abb. 6.41
Daten im Ereignisknoten des VPN

Netzplantechnik

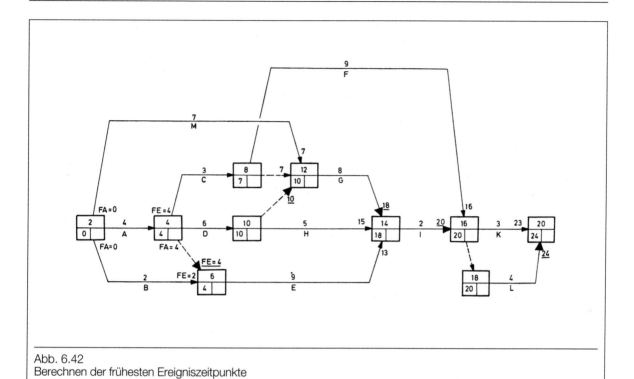

Abb. 6.42
Berechnen der frühesten Ereigniszeitpunkte

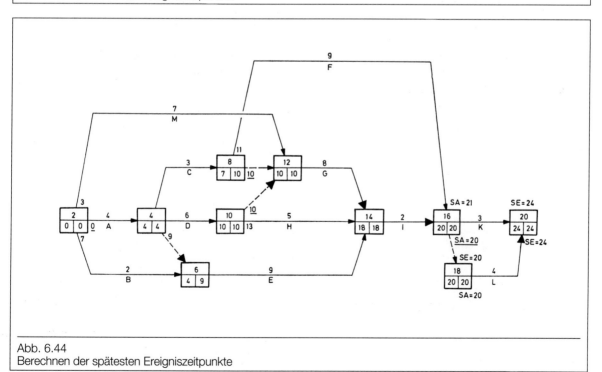

Abb. 6.44
Berechnen der spätesten Ereigniszeitpunkte

heste Anfang für den nachfolgenden Vorgang I gegeben (FA = 18). Der früheste Zeitpunkt des Zielereignisses gibt an, wie lange das Projekt gemäss dem gewählten Ablauf dauert.

Ausgehend vom spätesten Zeitpunkt des Zielereignisses (SZ = 24), der gleichzeitig das späteste Ende aller hier einmündenden Vorgänge angibt

$$SZ(j) = SE(i–j)$$

kann für diese der späteste Anfang berechnet werden:
$$SA = SE - D \text{ (alles auf i–j bezogen)}$$

Abb. 6.44 zeigt den Rechnungsgang. Dabei gilt für Vorgänge (z.B. I), die zu einem Anfangsereignis (14) führen, von dem kein anderer Vorgang weggeht, dass mit seinem spätesten Anfang (SA = 18) gleichzeitig der späteste Zeitpunkt (SZ = 18) dieses Ereignisses gegeben ist. Führen mehrere Vorgänge zu einem Ereignis zurück, so ist der kleinste Wert für dieses Ereignis bzw. für die Vorgänger massgebend. Vorgang H muss spätestens im Zeitpunkt 13 beginnen (SA = SE – D). Dagegen muss der Scheinvorgang (10–12) schon im Zeitpunkt 10 spätestens beginnen. Dieser Wert ist massgebend für das Ereignis 10 bzw. für das späteste Ende des Vorgangs D (Abb. 6.45). Für das Startereignis erhält man unter den getroffenen Annahmen für den spätesten Zeitpunkt des Startereignisses 0, was zur Kontrolle dient.

Abb. 6.46 zeigt das Resultat des Vorwärts- und Rückwärtsdurchrechnens in Form eines Balkendiagramms. Üblicherweise werden im Netzplan nur die Ereigniszeitpunkte (FZ, SZ) notiert, um den Plan nicht zu überladen. Dadurch sind für die Vorgänge SA und FE nicht explizit ausgewiesen, diese können aber immer wieder leicht berechnet werden.

$$\left.\begin{array}{l} FA(i–j) = FZ(i) \\ SE(i–j) = SZ(j) \end{array}\right\} \text{ aus Netzplan}$$

$$\left.\begin{array}{l} FE(i–j) = FA(i–j) + D(i–j) \\ SA(i–j) = SE(i–j) - D(i–j) \end{array}\right\} \text{ berechnen}$$

Abb. 6.47 zeigt einen kleinen, stark vereinfachten Netzplan für ein praktisches Beispiel. Die Aufgabenstellung betrifft die Erstellung einer Lagerhalle ab genehmigtem Bauprojekt.

6.3.2.2 Berechnung der Zeitpunkte im Vorgangsknoten-Netzplan

Beim Vorwärts- und Rückwärtsdurchrechnen im Vorgangsknoten-Netzplan fallen für jeden Vorgang die 4 gesuchten Zeitpunkte an (FA, FE, SA, SE). Sie werden im Vorgangsknoten eingetragen (Abb. 6.48). In einem ersten Schritt wird die Berechnung eines Netzes, das nur Normalfolgen beinhaltet, d.h. Ende-

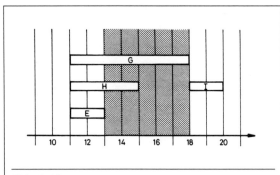

Abb. 6.43
Bestimmen von FA des Vorgangs I

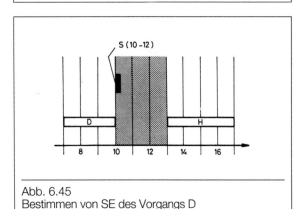

Abb. 6.45
Bestimmen von SE des Vorgangs D

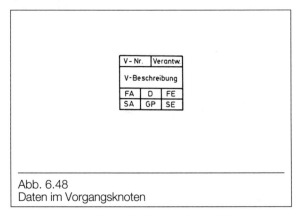

Abb. 6.48
Daten im Vorgangsknoten

Netzplantechnik

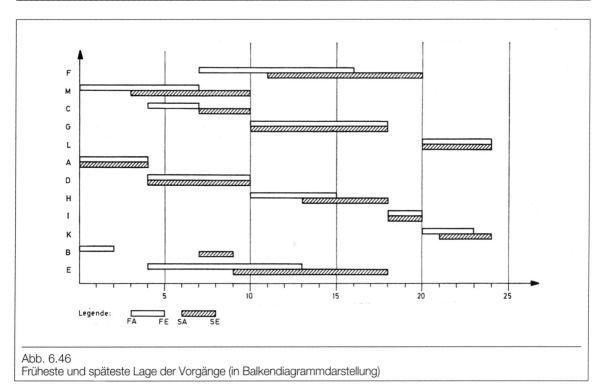

Abb. 6.46
Früheste und späteste Lage der Vorgänge (in Balkendiagrammdarstellung)

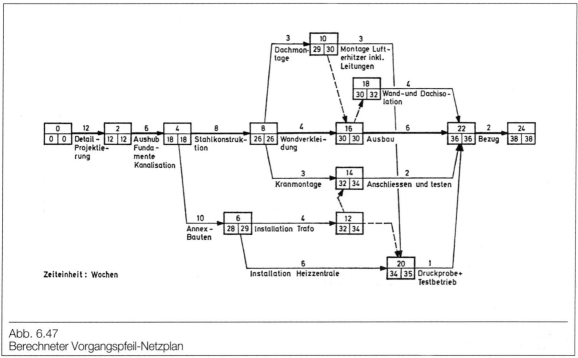

Abb. 6.47
Berechneter Vorgangspfeil-Netzplan

Anfang-Beziehungen, betrachtet. Für diesen einfachsten Typ des Vorgangsknoten-Netzplans wickelt sich die Berechnung im Prinzip gleich ab wie im Vorgangspfeil-Netzplan (Abb. 6 49). Das Vorwärtsdurchrechnen beginnt beim Startvorgang mit FA = 0. Für die Berechnung des frühesten Endes gilt wieder:

FE = FA + D
(alles auf den Vorgang i bezogen).

Dieser Wert wird ebenfalls im Vorgangsknoten eingetragen. Unter der Voraussetzung, dass die Abhängigkeit vorläufig nicht quantifiziert ist, gilt, dass mit dem frühesten Ende des Vorgangs (i) die frühesten Anfänge der Nachfolger gegeben sind, zum Beispiel FE (A) = FA (D) in Abb. 6.50. Hat ein Vorgang mehrere Vorgänger, so ist der grösste Wert deren frühesten Enden für den frühesten Anfang entscheidend (Abb. 6.51).

FA(i) = Max. FE der Vorgänger.

Der früheste Anfang des Zielvorgangs gibt an, wann das Projekt frühestens fertiggestellt sein kann.

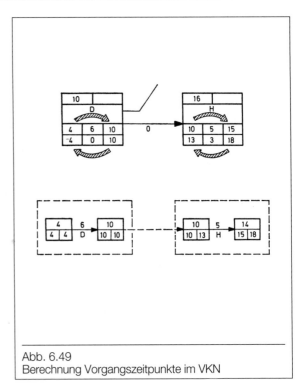

Abb. 6.49
Berechnung Vorgangszeitpunkte im VKN

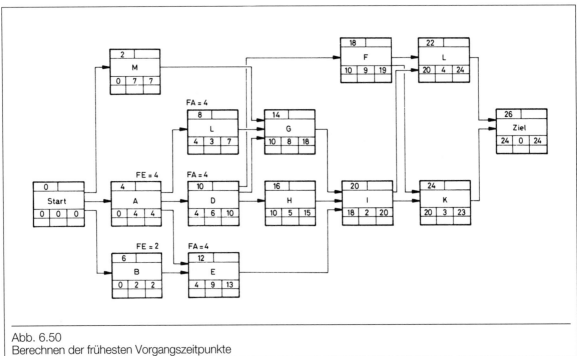

Abb. 6.50
Berechnen der frühesten Vorgangszeitpunkte

Netzplantechnik

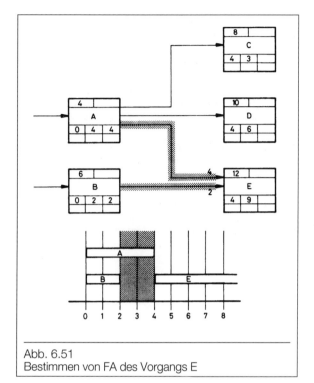

Abb. 6.51
Bestimmen von FA des Vorgangs E

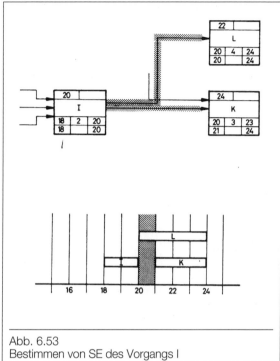

Abb. 6.53
Bestimmen von SE des Vorgangs I

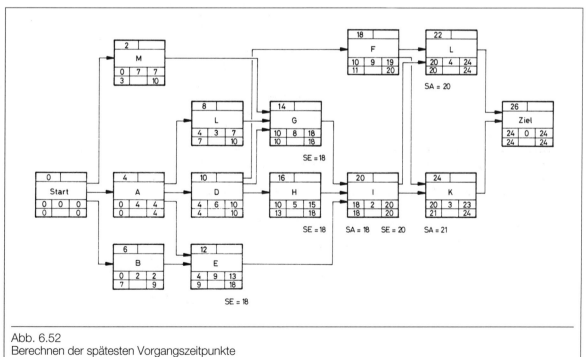

Abb. 6.52
Berechnen der spätesten Vorgangszeitpunkte

Ausgehend von der Gleichsetzung der Zeitpunkte des Vorgangs

$$FE = SE$$

kann das Rückwärtsdurchrechnen unter Berücksichtigung des Zusammenhangs

$$SA = SE - D$$
(alles auf den Vorgang i bezogen)

durchgeführt werden.

Dieser Rechengang kommt der Überlegung gleich, für jeden Vorgang festzustellen, wann er spätestens abgeschlossen sein muss, damit die Gesamtprojektdauer nicht überschritten wird. Das späteste Ende eines Vorgängers muss also dem geforderten spätesten Anfang des betrachteten Vorgangs Rechnung tragen (Abb. 6.52). So gibt zum Beispiel SA (I) = 18 das späteste Ende von Vorgang E, d.h. SE (E) = 18. Hat ein Vorgang mehrere Nachfolger, müssen die spätesten Anfangszeitpunkte derselben verglichen werden. Der kleinste Wert ist für das gesuchte späteste Ende massgebend (Abb. 6.53), d.h.

$$SE\ (i) = Min.\ SA\ der\ Nachfolger.$$

Für den Startvorgang muss unter Voraussetzung der für den Zielvorgang getroffenen Annahmen SA = 0 resultieren (Kontrolle des Berechnungsganges).

Abb. 6.54 zeigt den vereinfacht dargestellten Netzplan für die Erstellung einer Lagerhalle ab genehmigtem Bauprojekt bis Bezug.

Wie im Kap. 6.1.5.2 gezeigt, bietet der Vorgangsknoten-Netzplan die Möglichkeit:
- Abhängigkeiten ablaufgerechter zu erfassen, ohne die Vorgangszahl durch Unterteilungen zu steigern,
- Abstände zu definieren (Minimal-/Maximalabstand).

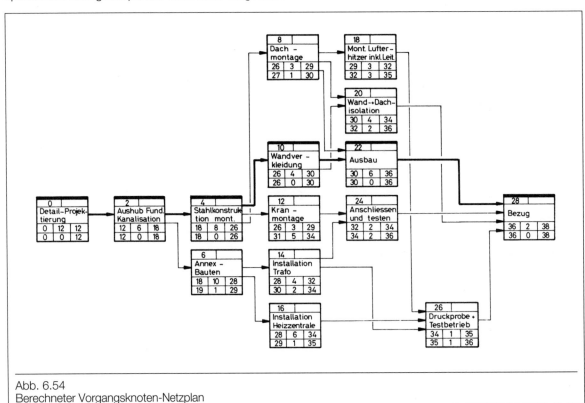

Abb. 6.54
Berechneter Vorgangsknoten-Netzplan

Abb. 6.55 zeigt denselben Netzplan wie Abb. 6.54, aber unter Ausnutzung der erweiterten Abhängigkeits- und Abstands-Möglichkeiten. Einige Punkte daraus seien als Beispiele erläutert:

1. Anfang-Anfang-Beziehung mit Minimalabstand
Die Detailpläne für «Aushub, Fundamente, Kanalisation» sind 6 Wochen nach Beginn der Detailprojektierung bereit. Wenn 50% des «Stahlbaus» stehen, kann mit der Verkleidung begonnen werden.

2. Ende-Anfang-Beziehung mit negativem Minimalabstand (Vorziehzeit)
Frühestens 2 Wochen vor Ende «Detailprojektierung» sind genügend Pläne vorhanden, um mit dem Bau der «Annex-Bauten» zu beginnen. Die «Installation Heizzentrale» kann bis 2 Wochen vor dem Ende «Annex-Bauten» begonnen werden.

3. Anfang-Ende-Beziehung mit Minimalabstand
Die «Wandverkleidung» kann frühestens 1 Woche nachdem der Kran angeliefert bzw. dessen Montage begonnen hat, abgeschlossen werden (Montageöffnung).

4. Ende-Ende-Beziehung mit Minimalabstand
«Druckprobe + Testbetrieb» muss mindestens 1 Woche vor dem Ende «Bezug» abgeschlossen sein.

5. Anfang-Anfang-Beziehung mit Maximalabstand
Nach dem Beginn der Montage «Wandverkleidung» muss deren Isolation aus technischen Gründen (z.B. Oxydation) spätestens nach 2 Wochen begonnen werden.

6. Ende-Anfang-Beziehung mit Maximalabstand
Die «Kranmontage» bedingt, dass eine Spezialistengruppe auf der Baustelle ist. Da diese Gruppe auch das «Anschliessen und Testen» durchführt, soll dieser Vorgang unmittelbar folgen.

In diesem Netz soll nun erneut das Vor- und Rückwärtsdurchrechnen ausgeführt werden, wobei sich zeigen wird, dass durch diese Ergänzungen der Berechnungsgang etwas komplizierter wird, indem von Fall zu Fall zuerst die Anfangs- oder Endzeitpunkte berechnet werden.

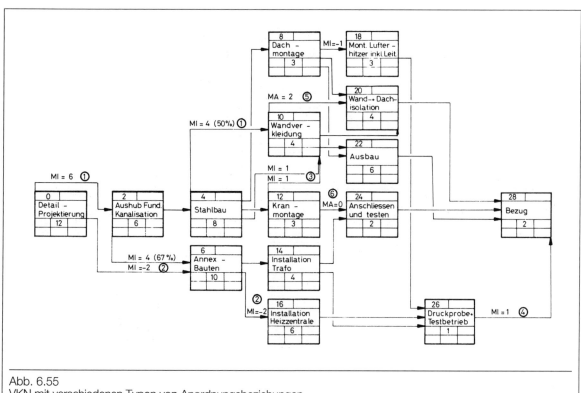

Abb. 6.55
VKN mit verschiedenen Typen von Anordnungsbeziehungen

Ende-Anfang-Beziehung

FE(i) + MI	= FA(j)
Mit MA:	
FE(i)	= FA(j)
falls FA(j) − FE(i) > MA gilt:	
FE(i)	= FA(j) − MA
SE(i)	= SA(j) − MI
Mit MA:	
SE(i)	= SA(j)
falls SA(j) − SE(i) > MA gilt:	
SE(i) + MA	= SA(j)

Anfang-Anfang-Beziehung

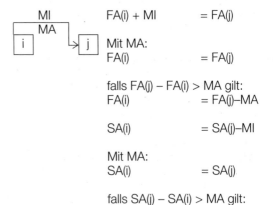

FA(i) + MI	= FA(j)
Mit MA:	
FA(i)	= FA(j)
falls FA(j) − FA(i) > MA gilt:	
FA(i)	= FA(j) − MA
SA(i)	= SA(j) − MI
Mit MA:	
SA(i)	= SA(j)
falls SA(j) − SA(i) > MA gilt:	
SA(i) + MA	= SA(j)

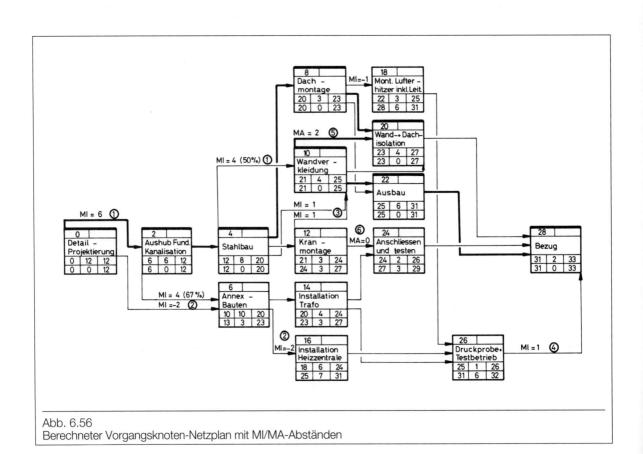

Abb. 6.56
Berechneter Vorgangsknoten-Netzplan mit MI/MA-Abständen

Netzplantechnik

Ende-Ende-Beziehung

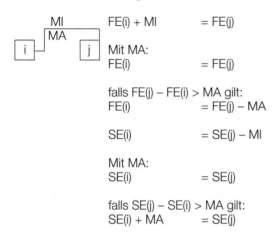

$FE(i) + MI = FE(j)$

Mit MA:
$FE(i) = FE(j)$

falls $FE(j) - FE(i) > MA$ gilt:
$FE(i) = FE(j) - MA$

$SE(i) = SE(j) - MI$

Mit MA:
$SE(i) = SE(j)$

falls $SE(j) - SE(i) > MA$ gilt:
$SE(i) + MA = SE(j)$

Die gleichen Überlegungen können für die selten vorkommende Ende-Anfang-Beziehung formuliert werden. Mit diesen Regeln kann der Netzplan berechnet werden (Abb. 6.56), wobei grundsätzlich wiederum gilt:
• beim Vorwärtsdurchrechnen gilt von allen frühesten Zeitpunkten der grösste Wert (unter Berücksichtigung von $FA + D = FE$ bzw. $FA = FE - D$).

• beim Rückwärtsdurchrechnen gilt von allen Zeitpunkten der kleinste Wert (wobei der Zusammenhang zwischen Anfang und Ende gilt:
$SE - D = SA$ bzw. $SA + D = SE$).

An einem Teil aus Abb. 6.56 sei der Berechnungsvorgang als Beispiel noch detaillierter dargestellt (Abb. 6.57/6.58):

Früheste Zeitpunkte für Vorgang 12:

$FE (4) = FA (12)$ $FA (12) + D = FE (12)$
$20 = 20$ $20 + 3 = 23$

$FE (14) = FA (24)$
$24 = 24$

$FA (24) - FE (12) > MA$
$24 - 23 > 0$

$FA (24) - \boxed{MA = FE (12)}$ $FE (12) - D = \boxed{FA (12)}$
$24 - \boxed{0 = 24}$ $24 - 3 = \boxed{21}$

Entscheidend für FA und FE des Vorgangs 12 ist die Verknüpfung über den Maximalabstand zu Vorgang 24.

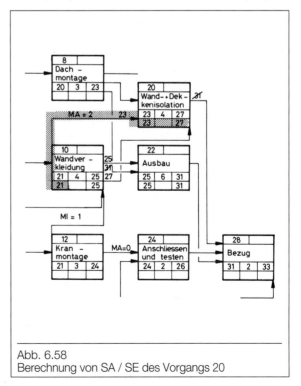

Abb. 6.57
Berechnung von FA / FE der Vorgänge I0 und I2

Abb. 6.58
Berechnung von SA / SE des Vorgangs 20

Früheste Zeitpunkte für Vorgang 10:

FA (4) + MI = FA (10)
12   + 4   = 16

FE (4) + MI = FE (10)   FE (10)– D   = FA (10)
20   + 1   = 21   21   – 4 = 17

FA (12) + MI = FE (10)   FE (10) – D = FA (10)
21   + 1   = 22   22   – 4 = 18

FA (20) – Max [FA (10)]   > MA
23   – Max [16, 17, 18]   > 2

FA (20) – MA = $\boxed{\text{FA (10)}}$ FA (10)+D = $\boxed{\text{FE (10)}}$
23   – 2   = $\boxed{21}$ 21   +4   = $\boxed{25}$

Auch in diesem Fall ist die Verknüpfung über den Maximalabstand zu Vorgang 20 entscheidend. Da die frühesten Zeitpunkte solcher Nachfolger nicht immer vorgängig schon berechnet sind, kann es bei gewissen Vorgängen zu Korrekturen kommen.

Späteste Zeitpunkte für Vorgang 20

SA (28)   = SE (20)   SE (20) – D = SA (20)
31   = 31   31   – 4 = 27

SA (20) – SA (10)   > MA
27   – 21   > 2

SA (10) + MA = $\boxed{\text{SA (20)}}$ SA (20) + D = $\boxed{\text{SA (20)}}$
21   + 2   = $\boxed{23}$ 23   + 4 = $\boxed{27}$

Massgebend für SA und SE des Vorganges 20 ist die Verknüpfung über den Maximalabstand zu Vorgang 10.

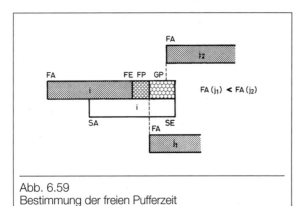

Abb. 6.59
Bestimmung der freien Pufferzeit

Dieses Beispiel zeigt, dass die Vorteile, welche die Darstellungsmöglichkeit der Überlappungen bietet, im Berechnungsgang eine gewisse Komplizierung mit sich bringt. Dies vor allem, wenn Maximal-Abstände verwendet werden. Es ist aber darauf hinzuweisen, dass so komplizierte Situationen, wie sie sich zum Beispiel um Vorgang 10 ergeben, in einem Netzplan eher selten auftreten.
Als Resultat sei noch darauf hingewiesen, dass bei gleicher Vorgangszahl die Projektdauer durch eine realistischere Darstellung um 5 Zeiteinheiten reduziert werden konnte (33 statt 38 Zeiteinheiten).

6.3.3 Kritischer Weg, Pufferzeiten

Bei der Analyse der Resultate des Vorwärts- und Rückwärtsdurchrechnens stellt man 2 Kategorien von Vorgängen fest:
• Vorgänge, bei denen die frühesten und spätesten Zeitpunkte zusammenfallen, d.h. FA = SA und FE = SE. Man bezeichnet diese als kritische Vorgänge.
• Vorgänge, deren früheste und späteste Zeitpunkte Differenzen aufweisen, d.h. SA > FA und SE > FE. Diese Vorgänge weisen gegenüber den kritischen einen zeitlichen Spielraum aus. Dieser wird als Pufferzeit bezeichnet.
Die Folge der kritischen Vorgänge bildet den (bzw. die) kritischen Weg(e). Dieser zeitlängste Weg durch den Netzplan ist für den frühesten Projektendzeitpunkt massgebend. Wird die Annahme getroffen, dass für das Projektende frühester und spätester Zeitpunkt gleichgesetzt werden, so erhält man einen oder mehrere kritische Wege.
Für die Einstufung der Vorgänge nach Wichtigkeit (für Netzplanumformungen, Überwachung) ist es entscheidend zu wissen, welche 5–15% (Durchschnitt) der Vorgänge kritisch sind, damit diese gezielt mit Priorität behandelt werden können. Es ist bekannt, bei welchen Vorgängen sich zeitliche Überschreitungen, aber auch Einsparungen, in vollem Umfang auf das Projektende auswirken. Alle nicht-kritischen Vorgänge besitzen Pufferzeit.

Gesamte Pufferzeit: GP
Die gesamte Pufferzeit ergibt sich als Differenz aus spätestem und frühestem Zeitpunkt des Vorgangs.

$$GP = SA - FA = SE - FE$$

Die gesamte Pufferzeit GP gibt an, um wieviel der Vorgang ausgedehnt oder verschoben werden darf, ohne

Netzplantechnik

dass der berechnete Endzeitpunkt des Projektes überschritten wird. Dabei geht man von der Voraussetzung aus, dass die entscheidenden Vorgänger zu den frühesten und die massgebenden Nachfolger zu den spätesten Zeitpunkten durchgeführt werden. Es gilt also zu verstehen, dass die gesamte Pufferzeit nicht nur dem betrachteten Vorgang zukommt, sondern auch den Vorgängern bzw. Nachfolgern. Verbraucht man einen Teil der gesamten Pufferzeit, so verkleinert sich für die Nachfolger ihre ausgewiesene Pufferzeit. Um in dieser Situation eine bessere Übersicht zu haben, hat man weitere Pufferzeitbegriffe definiert, die realistische Zeitreserven unter Berücksichtigung der Nachfolger erlauben.

Freie Pufferzeit: FP
Die freie Pufferzeit ist ein Teil der gesamten Pufferzeit, die dann entsteht, wenn mehrere Vorgänge denselben Nachfolger haben.
Sie besagt, um welche Dauer der Vorgang ausgedehnt werden kann, ohne dass die frühesten Anfangszeitpunkte der nachfolgenden Vorgänge beeinflusst werden. Die freie Pufferzeit FP erhält man als Differenz zwischen dem kleinsten Wert der frühesten Anfangszeitpunkte sämtlicher Nachfolger und dem frühesten Ende des betrachteten Vorgangs (Abb. 6.59).

$$FP(i) = Min\ FA(j) - FE(i)$$

Bei der Interpretation der freien Pufferzeit ergibt sich dann eine Schwierigkeit, wenn diese bei linearen Abläufen definitionsgemäss auf den letzten Vorgang ausgewiesen wird, obwohl sie für Dispositionszwecke eigentlich der ganzen Kette zukommt. Analog der gesamten Pufferzeit ist also auch die freie Pufferzeit nicht immer rein vorgangsbezogen. Wenn ein Vorgang freie Pufferzeit ausweist, muss man abklären, welche Vorgänge ebenfalls Anspruch auf diese Zeitreserve haben (Abb. 6.60). Werden neben der gesamten auch die Werte der freien Pufferzeit bestimmt, nimmt der Informationsumfang stark zu. Durch Eintragen aller Werte im Netzplan würde dieser unübersichtlich und Änderungen darin mühsam durchführbar. Aus diesem Grund greift man bei grösseren Datenmengen als Ergänzung auf die tabellarische Darstellung (Abb. 6.61 basierend auf Abb. 6.54).

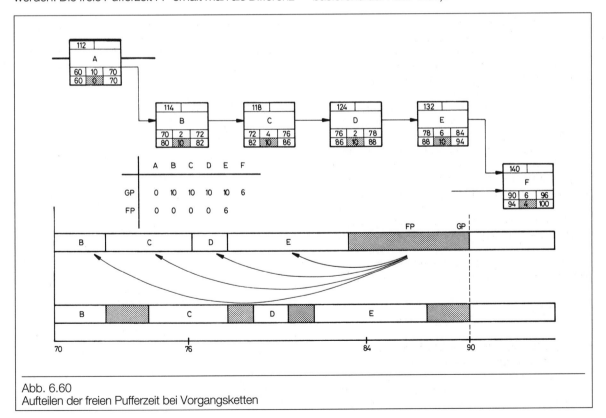

Abb. 6.60
Aufteilen der freien Pufferzeit bei Vorgangsketten

Vorgang		D	FA	FE	SA	SE	GP	FP
Nr.	Bezeichnung							
0	Detailprojektierung	12	0	12	0	12	0	0
2	Aushub, Fundament	6	12	18	12	18	0	0
4	Stahlkonstruktion	8	18	26	18	26	0	0
6	Annex-Bauten	10	18	28	19	29	1	0
8	Dachmontage	3	26	29	27	30	1	0
10	Wandverkleidung	4	26	30	26	30	0	0
12	Kranmontage	3	26	29	31	34	5	3
14	Installation Trafo	4	28	32	30	34	2	0
16	Installation Heizzentrale	6	28	34	29	35	1	0
18	Montage Lufterh.	3	29	32	32	35	4	4
20	Wand- und Dachisolationen	4	30	34	32	36	2	2
22	Ausbau	6	30	36	30	36	0	0
24	Anschließen und Testen	2	32	34	34	36	2	2
26	Druckprobe, Testbetrieb	1	34	35	35	36	1	0
28	Bezug	2	36	38	36	38	0	0

Abb. 6.61
Tabellarische Darstellung der Zeitinformationen der Vorgänge

6.3.3.1 Kritischer Weg und Pufferzeiten im Vorgangspfeil-Netzplan

Beim Vorgangspfeil-Netzplan ergibt sich zur Berechnung des kritischen Weges wie auch der Pufferzeiten die Schwierigkeit, dass im bereinigten Netz nurmehr die Zeitpunkte der Ereignisse erscheinen. Sobald bei einem Ereignis mehrere Vorgänge zusammen- oder auseinanderlaufen, sind nicht mehr alle FE bzw. SA direkt aus dem Netzplan ersichtlich.

Den kritischen Weg erhält man basierend auf den beim Vorwärtsdurchrechnen markierten Pfeilen (Vorgänge mit dem jeweils grössten Wert für FE). Ausgehend vom Zielereignis folgt man rückwärts dem zulaufenden (bei mehreren: markierten) Pfeil. Eine weitere Möglichkeit zum Auffinden des kritischen Weges ist das Ermitteln der Vorgänge ohne Zeitreserven (GP = 0).

Die Pufferzeiten können auch direkt mit den im Netzplan ausgewiesenen Daten berechnet werden:

$$GP(i-j) = SZ(j) - FZ(i) - D(i-j)$$
$$FP(i-j) = FZ(j) - FZ(i) - D(i-j)$$

6.3.3.2 Kritischer Weg und Pufferzeiten im Vorgangsknoten-Netzplan

Im Vorgangsknoten-Netzplan liegen nach der Berechnung die vier Zeitpunkte aller Vorgänge vor. Damit lässt sich die gesamte Pufferzeit sofort bestimmen. Meist wird auch diese im Knoten eingetragen (Abb. 6.48). Die Folge der kritischen Vorgänge (GP = 0) bilden den kritischen Weg. Für die freie Pufferzeit ist

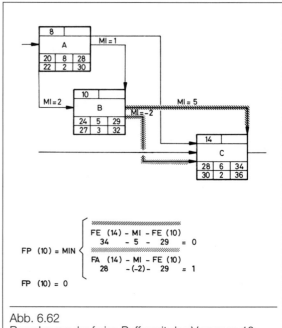

Abb. 6.62
Berechnung der freien Pufferzeit des Vorgangs 10

Netzplantechnik

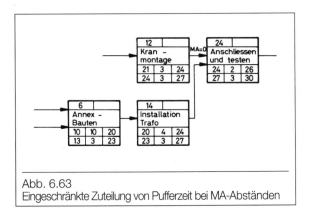

Abb. 6.63
Eingeschränkte Zuteilung von Pufferzeit bei MA-Abständen

die Berechnung beim Auftreten verschiedener Abhängigkeiten und Abstände etwas komplizierter. Es gilt, über alle Abhängigkeiten zu prüfen, ob die frühesten Zeitpunkte (FA und/oder FE) plus die Abstände kleiner sind als die frühesten Zeitpunkte der Nachfolger (Abb. 6.62).

$$FP(i) = Min [FZ(j) - MI(i-j) - FZ(i)]$$

Besondere Vorsicht in der Interpretation der gesamten Pufferzeit ist dann geboten, falls Maximalabstände vorkommen.
In einer solchen Situation kann die Verzögerungsmöglichkeit des Nachfolgers gegenüber dessen ausgewiesener Pufferzeit eingeschränkt sein. Abb. 6.63 zeigt einen entsprechenden Netzplanausschnitt. Wird Vorgang 12 zu den frühesten Zeitpunkten (FA = 21, FE = 24) begonnen, so ist damit auch der Anfang von Vorgang 24 gegeben (MA = 0). Die ausgewiesene Pufferzeit von 3 gibt in diesem Fall lediglich an, um wieviel Vorgang 24 im Maximum ausgedehnt werden darf. Zusätzlich muss überprüft werden, ob Vorgang 24 aufgrund der Vorgänger 6 und 14 überhaupt zum frühesten Zeitpunkt beginnen kann. Würde zum Beispiel Vorgang 14 verzögert begonnen (Anfangszeitpunkt = 21), so dürfte mit Vorgang 12 nicht zum frühesten Zeitpunkt angefangen werden.

6.3.4 Verkürzen der Projektdauer

Die in den vorangegangenen Kapiteln gezeigte Berechnung führt zu einem Projektendzeitpunkt, der nicht immer mit den Wünschen der Bauherrschaft oder den Gegebenheiten von Randbedingungen übereinstimmt. So sind die Zeitpunkte für die Fertigstellung von
- Ausstellungs- und Messehallen,
- Verkaufsräumlichkeiten für Saisonartikel,
- Bauten für Sportanlässe,
- Ersatzbauten (z.B. bei Ablaufen von Konzessionen oder Baurechten) usw.

gegeben.
Gerade in solchen Situationen beweist der Netzplan seine Leistungsfähigkeit, gibt er doch gezielt an, wo am zweckmässigsten umgeformt und verkürzt wird. Wird zum Beispiel für einen Lagerhausneubau eine um 3 Monate kürzere Bauzeit gefordert, da alte Mietverträge ablaufen, so wird davon nicht nur der kritische Weg, sondern es werden auch die Nebenwege betroffen, die jeweils weniger Pufferzeit aufweisen, als auf dem parallelen Abschnitt des kritischen Weges eingespart wird. Beschleunigen heisst in den meisten Fällen Mehrkosten. Bevor man sich dieser Lösung zuwendet, müssen alle anderen Möglichkeiten ausgeschöpft werden. So lassen sich Arbeiten, die hintereinander geplant wurden oft ineinanderschachteln, allerdings meistens mit einem gewissen organisatorischen Mehraufwand, aber ohne grosse Mehrkosten (Abb. 6.64).

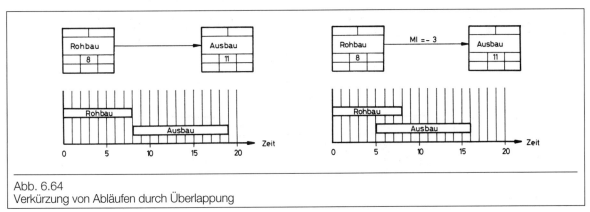

Abb. 6.64
Verkürzung von Abläufen durch Überlappung

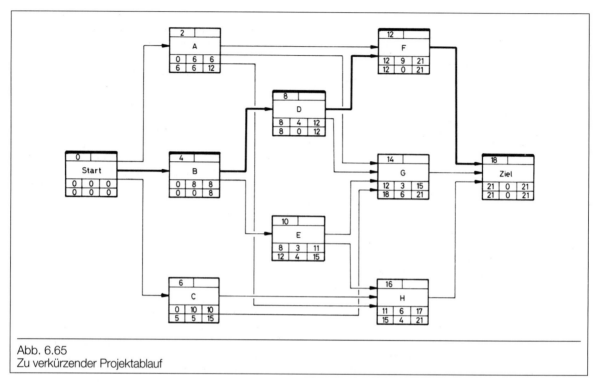

Abb. 6.65
Zu verkürzender Projektablauf

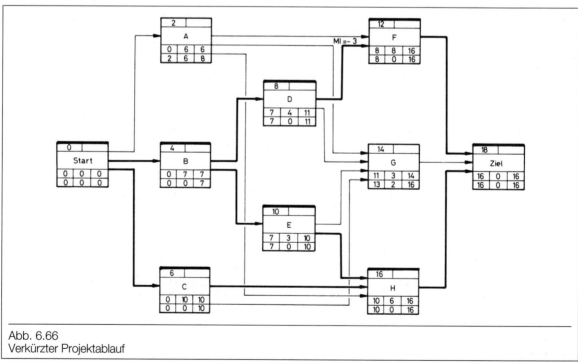

Abb. 6.66
Verkürzter Projektablauf

Muss neben dieser, durch strukturelle Änderungen erzielten Verkürzung noch mehr erreicht werden, so müssen die Vorgänge herausgesucht werden, für die eine Beschleunigung die geringste Mehrbelastung bringt bzw. für die überhaupt noch zusätzliche Kapazitäten vorhanden sind. Lösungswege können sein:

- Steigerung des Maschinen- und Personaleinsatzes.
- Überzeitarbeit,
- Unterauftragnehmer,
- Reduktion der Anforderungen.

Auf die Betrachtung der kostenmässigen Auswirkungen wird in Kap. 9.4 näher eingetreten. Das Projekt wird dann in minimaler Dauer durchgeführt, wenn ein kritischer Weg nicht mehr weiter verkürzt werden kann.
An einem Beispiel wird das schrittweise Verkürzen der Projektdauer gezeigt (Abb. 6.65). Unter Inkaufnahme vermehrter organisatorischer Anstrengungen kann F schon beginnen, bevor D ganz abgeschlossen ist (Vorziehzeit 3). Durch diese Massnahme werden 3 Zeiteinheiten gewonnen. In einem zweiten Schritt werden die Verkürzungsmöglichkeiten der Vorgangsdauern untersucht. B und F lassen sich z.B. durch Überzeit relativ leicht um je 1 Zeiteinheit verkürzen. Die Neuberechnung des Netzes ergibt, dass neue kritische Wege entstehen (Abb. 6.66). Bei deren Überprüfung zeigt sich, dass G und H nicht weiter verkürzbar und auch nicht überlappbar sind. Damit kann die Projektdauer von 16 nicht mehr weiter reduziert werden.
Neben dem vielfach vorgegebenen Endzeitpunkt für das Projekt können auch Einschränkungen bestimmter Vorgänge auftreten.

Beispiel:
Bei einer Fabrikhalle wird ein Kiesklebedach vorgesehen. Die Berechnung ergibt für den Vorgang «Dachbelag erstellen» 2 Monate Pufferzeit.
Als Randbedingung soll gelten, dass die Dachhaut vor Wintereinbruch fertigzustellen ist. In Abb. 6.67 werden verschiedene Situationen dargestellt.

Fall 1:
Auch bei vollem Ausnutzen der Pufferzeit hat die beschriebene Restriktion keinen Einfluss.

Fall 2:
In dieser Situation wird die Pufferzeit verringert. Eine normale Ausführung der vorangehenden Vorgänge ist möglich.

Fall 3:
Um der gestellten Forderung nachzukommen, muss

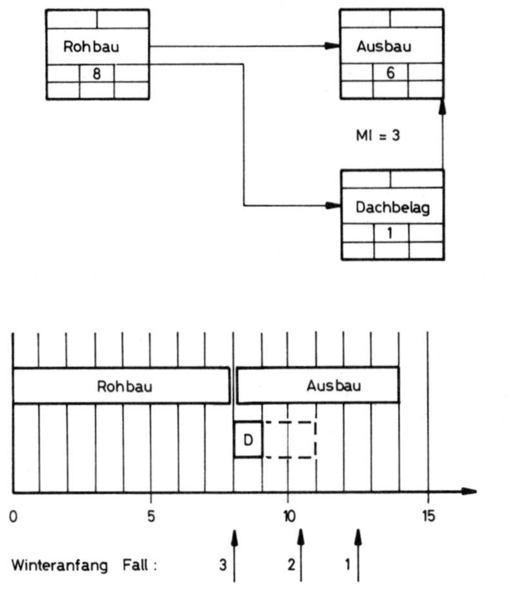

Abb. 6.67
Zeitliche Randbedingungen

	Sonntag	Montag	Dienstag	Mittwoch	Donnerstag	Freitag	Samstag	Woche
Jan.			1	2	3	4	5	
	6	7	8	9	10	11	12	
	13	14	15	16	17	18	19	
	20	21	22	23	24	25	26	
	27	28	29	30	31			
Febr.						1	2	
	3	4	5	6	7	8	9	
	10	11	12	13	14	15	16	
	17	18	19	20	21	22	23	
	24	25	26	27	28			
März						1	2	
	3	4	5	6	7	8	9	
	10	11	12	13	14	15	16	
	17	18	19	20	21	22	23	
	24	25	26	27	28	29	30	
	31							
April		1	2	3	4	5	6	1
	7	8	9	10	11	12	13	2
	14	15	16	17	18	19	20	3
	21	22	23	24	25	26	27	4
	28	29	30					5
Mai				1	2	3	4	
	5	6	7	8	9	10	11	6
	12	13	14	15	16	17	18	7
	19	20	21	22	23	24	25	8
	26	27	28	29	30	31		9
Juni							1	
	2	3	4	5	6	7	8	10
	9	10	11	12	13	14	15	11
	16	17	18	19	20	21	22	12
	23	24	25	26	27	28	29	13
	30							

	Sonntag	Montag	Dienstag	Mittwoch	Donnerstag	Freitag	Samstag	Woche
Juli		1	2	3	4	5	6	14
	7	8	9	10	11	12	13	15
	14	15	16	17	18	19	20	16
	21	22	23	24	25	26	27	17
	28	29	30	31				18
Aug.					1	2	3	
	4	5	6	7	8	9	10	19
	11	12	13	14	15	16	17	20
	18	19	20	21	22	23	24	21
	25	26	27	28	29	30	31	22
Sept.	1	2	3	4	5	6	7	23
	8	9	10	11	12	13	14	24
	15	16	17	18	19	20	21	25
	22	23	24	25	26	27	28	26
	29	30						27
Okt.			1	2	3	4	5	
	6	7	8	9	10	11	12	28
	13	14	15	16	17	18	19	29
	20	21	22	23	24	25	26	30
	27	28	29	30	31			31
Nov.						1	2	
	3	4	5	6	7	8	9	32
	10	11	12	13	14	15	16	33
	17	18	19	20	21	22	23	34
	24	25	26	27	28	29	30	35
Dez.	1	2	3	4	5	6	7	36
	8	9	10	11	12	13	14	37
	15	16	17	18	19	20	21	38
	22	23	24	25	26	27	28	39
	29	30	31					40

Abb. 6.68
Projektkalender

der Weg zwischen dem Projektstart und dem Ende des Vorgangs «Dachbelag erstellen» verkürzt werden, wobei dafür die gleichen Kriterien gelten wie für das Umformen des ganzen Projektes.

Ob manuell oder maschinell berechnet, ist es in der Regel am einfachsten, vom gewöhnlich vorwärts und rückwärts durchgerechneten Plan ausgehend zu prüfen wie sich die gestellten Randbedingungen auswirken.

6.3.5 Aufarbeiten der Berechnungsresultate

6.3.5.1 Kalendrierung

Die bisher ausgeführten Berechnungsgänge sind immer unter Verwendung von Zeiteinheiten vorgenommen worden. Für die Disposition, das Beurteilen von Randbedingungen und Kontrollzwecke eignen sich aber Zeitabstände vom Projektanfang her schlecht. Es drängt sich ein Übersetzen der Zeitpunkte in Kalenderdaten auf, wobei dies auch in ergänzten Symbolen seinen Niederschlag findet (FAT = frühester Anfangstermin, analog FET, SAT und SET) (Abb. 6.68). Damit können die Zeitpunkte, die datummässig interessieren, ausgewiesen werden, wobei bei der Identifikation von Projekt- und Kalendereinheiten (Tag/Wochen) auf Frei- und Feiertage, Ferien usw. geachtet werden muss. Unter Umständen sind verschiedene Kalender möglich (z.B. 5-, 6- und 7-Tage-Woche). Je nach Vorgang wird die passende Wahl getroffen.

Wenn alle Zeitpunkte umgewandelt werden sollen, übersteigt das anfallende Datenmaterial die Aufnahmefähigkeit des Netzplanes. In diesem Fall werden die Kalenderdaten für die Vorgänge besser listenartig zusammengestellt.

Ein Problem stellt sich noch hinsichtlich der Bezugszeitpunkte. Üblicherweise geht man davon aus, dass sich die Anfangsdaten auf den Morgen, die Enddaten auf den Abend eines Tages beziehen. Die gleiche Überlegung gilt für den Wochenanfang bzw. das Wochenende. Erreicht wird ein korrekter datummässiger Ausweis, indem von den Endzeitpunkten eine Einheit abgezogen wird. Damit wird das Ende einer Arbeit, die einen Tag dauert, mit demselben Kalenderdatum ausgewiesen (Abend).

6.3.5.2 Disposition

Wird für den aufgestellten Projektablauf (Struktur) nur die Zeitanalyse durchgeführt, so liegen jetzt die Informationen zum Disponieren vor. Unter Disponieren versteht man das zeitliche Festlegen der Vorgänge, speziell derjenigen mit Pufferzeit.

Die Durchführung der kritischen Vorgänge ist eindeutig gegeben, vorausgesetzt, dass die dafür notwendigen Kapazitäten bereitgestellt werden können. Für Vorgänge mit wenig Pufferzeit (z.B. gemessen in Relation zur gesamten Projektdauer) werden die frühesten Anfangs- und Endzeitpunkte vorgeschrieben, um allfällige Missgeschicke möglichst gut aufzufangen.

Nach dem Überprüfen der Daten der kritischen und fast kritischen Vorgänge werden die Vorgänge mit mehr Pufferzeit disponiert, wobei folgenden Einflüssen Rechnung zu tragen ist:

- Unsicherheit in der Durchführung eines Vorganges (z.B. im Tunnelbau: geologische Abweichungen vom Plan).

Je nach der Einschätzung des Risikos wird man den Vorgang oder eine ganze Vorgangsgruppe möglichst zu den frühesten Zeitpunkten durchführen (FA, FE), da dadurch die Zeitreserve erhalten bleibt.

- Zu berücksichtigende Randbedingungen (Vermeidung von Arbeitsunterbrüchen, saisonale Einflüsse).
- Vermeiden von Zwischenlagern (besonders bei termintreuen Lieferanten), d.h. Aufbrauchen der freien Pufferzeit.
- Grobe Berücksichtigung der Kosten und Kapazitäten (detaillierte Betrachtung siehe Kap. 8 und 9).

Bei längerfristigen Projekten wird die Disposition oft nur für die nähere Zukunft (z.B. 1 Jahr) durchgeführt, da damit gerechnet werden muss, dass immer wieder Verschiebungen auftreten. Bei diesem Disponieren wird der Projektleiter mit den betroffenen Verantwortlichen, die die Vorgänge auszuführen haben, Rücksprache nehmen und deren Wünsche bestmöglich mitintegrieren. Dabei ist nochmals festzuhalten, dass bei Vorgangsketten mit dem Verteilen der Pufferzeit vorsichtig umgegangen werden muss. Als Resultat dieses Arbeitsschrittes liegen für die nichtkritischen Vorgänge neben den frühesten und spätesten Zeitpunkten bzw. Terminen auch die geplanten vor (PA, PE bzw. PAT, PET). In der Praxis beobachtet man oft, dass dieser Schritt nicht gemacht wird und als Folge jeder Verantwortliche über die ausgewiesenen Pufferzeiten selbständig verfügt. Damit entgleitet aber dem Projektleiter die Führung, bzw. seine Dispositionsfreiheit, aus dem Blickwinkel des Gesamtprojektes.

Bereits das Umwandeln der Zeitpunkte in Kalenderdaten hat das Informationsvolumen beträchtlich gesteigert. Kommen nun die geplanten Anfangs- und Endtermine dazu, ist gut zu überlegen, in welcher Form man die Informationen am zweckmässigsten darstellt. Dies auch im Hinblick auf einen möglichen Computer-Einsatz und auf die Wahl der Informationsdarstellung für die Überwachungsphase. Abb. 6.69

Netzplantechnik

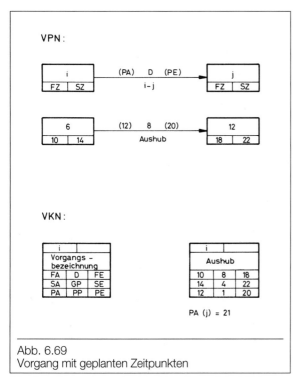

Abb. 6.69
Vorgang mit geplanten Zeitpunkten

zeigt die eingetragenen Daten im Netzplan. Dabei muss man sich überlegen, ob alle Verbraucher alle Daten kennen müssen, oder ob nicht die Angaben
- geplanter Anfangstermin PAT
- geplanter Endtermin PET
- geplante Pufferzeit PP (sofern zugewiesen)

genügen.

6.3.5.3 Resultatdarstellung

Im Prinzip enthalten ein disponierter Netzplan sowie der dazugehörige Umwandlungskalender (Abb. 6.68) alle für die Projektabwicklung und für das Erteilen von Anweisungen benötigten Daten.
Als umfassendes Koordinationsinstrument dient der Netzplan (oder bei mehrstufigen Planungssystemen die Netzpläne) allen Beteiligten und Vorgesetzten als wichtiges Führungshilfsmittel. Dies ist aber nur der Fall, wenn das Instrumentarium auch richtig verstanden und angewandt wird. Die Praxis hat gezeigt, dass sich für den Benutzerkreis im Bauwesen eine verbesserte Lesbarkeit des Netzplanes aufdrängt. Dies wird mit dem Umzeichnen auf einen Zeitraster erreicht, man kombiniert also Netzplan und Umwandlungskalender. Das Resultat bezeichnet man als «zeitmassstäblichen Netzplan». Dieser kommt dem bekannten Balkendiagramm in der Lesbarkeit sehr nahe, beinhal-

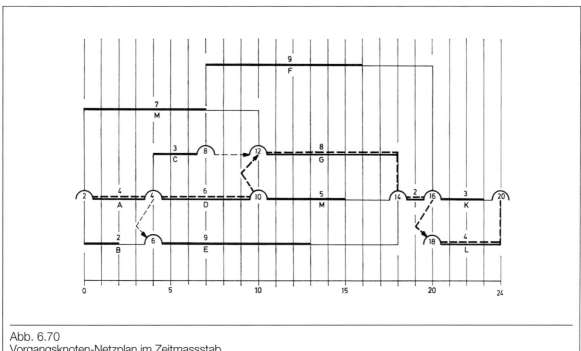

Abb. 6.70
Vorgangsknoten-Netzplan im Zeitmassstab

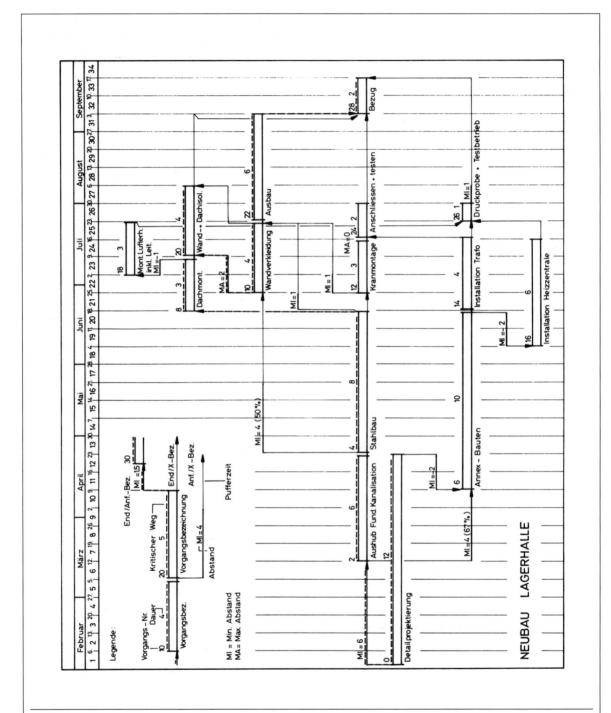

Abb. 6.71
Vorgangsknoten-Netzplan im Zeitmassstab

tet allerdings wesentlich mehr Informationen (Abhängigkeiten, Dringlichkeiten, geplante Pufferzeit).
Dieses Umzeichnen ist für das Vorgangspfeilnetz etwas einfacher (Abb. 6.70 basierend auf Abb. 6.44). Da die Zeitpunkte direkt aus dem Zeitraster abzulesen sind, genügt es, in den Ereignissen die Nummern der Anfangs- und Endereignisse einzutragen, um Querbeziehungen zu anderen Dokumenten (z.B. detaillierte Vorgangsliste) sicherzustellen.
Ebenfalls erleichternd wirkt, wenn die Anordnung in der Vertikalen beim Übergang vom Netzplan in den Zeitmassstab erhalten bleibt. Die gute Übersichtlichkeit darf allerdings nicht dazu führen, die Planungsarbeit gleich im Zeitmassstab aufzunehmen, da sonst vor allem die Vorteile der Ablaufanalyse verlorengehen.
Für das Vorgangsknotennetz ist das Umzeichnen auf den Zeitraster etwas schwieriger, besonders wenn kompliziertere Abhängigkeiten und Abstände verwendet werden (Abb. 6.71 basierend auf Abb. 6.56). Neben der Vorgangsbeschreibung ist wiederum aus Gründen der Querreferenz die Vorgangsnummer beizufügen.
Der Mehraufwand für das Umzeichnen der Netzpläne rechtfertigt sich nicht nur durch die bessere Lesbarkeit, sondern auch für eine übersichtlichere Darstellung des Standes während der Projektabwicklung (Überwachung und Steuerung Kap. 11).
Gilt es, gewissen Informationsverbrauchern nur die zeitliche Lage der Vorgänge mitzuteilen, so reicht für die Resultatdarstellung ein Balkendiagramm. Auch hier gilt, dass die Arbeitsunterlagen so einfach wie möglich darzustellen sind.
Dauert ein Projekt länger und/oder weist es einen noch nicht klar fassbaren Ablauf auf, ist es zweckmässig, nur den aktuellen Teil (z.B. 1 Jahr von 3) im Zeitmassstab darzustellen. Damit vermeidet man bei Änderungen und Abweichungen, die nicht mehr mit dem Sollablauf in Verbindung gebracht werden können, ein zu starkes Anwachsen des Zeichnungsaufwandes für immer neue, angepasste Pläne (Abb. 6.72). Treten so gravierende Abweichungen auf, dass sie über den herausgegriffenen zeitmassstäblichen Netzplan reichen, steht ja der Gesamtnetzplan zur Verfügung, und es ist dann Aufgabe der Spezialisten, aus einer weitergehenden Analyse die passenden Massnahmen vorzuschlagen (im Sinne der Entscheidungsvorbereitung).

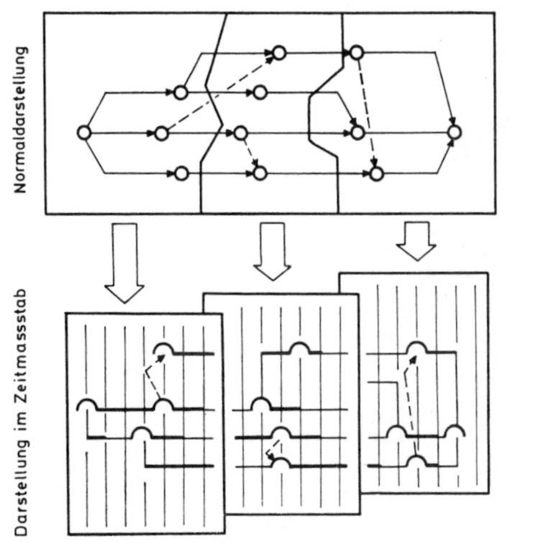

6.4 Unterstützung durch die EDV

Werden die an kleinen Beispielen beschriebenen Berechnungen umfangreicher, so drängt sich der Computer als Hilfsmittel für das Ermitteln der Zeitpunkte und Pufferzeiten, zum Sortieren der Resultate nach den gewünschten Begriffen und zum Drucken der Ergebnisse in Tabellen- oder graphischer Form auf.
Der Übergang von der Handrechnung zur Computerauswertung ist fliessend. Parameter, die die Grenze zwischen manueller und maschineller Verarbeitung beeinflussen sind:
- Anzahl Vorgänge und Anordnungsbeziehungen,
- Umfang der Mutationen (Vorgänge zufügen/weglassen),
- Häufigkeit der Auswertungen,
- Ansprüche an die Resultatdarstellung (Sortieren der Daten nach verschiedenen Kriterien, Selektieren einzelner interessierender Bereiche, graphische Darstellung),
- Zugriff zu passenden Verarbeitungsprogrammen und der notwendigen Geräte.

Bevor man sich dem Computer-Einsatz zuwendet, sind die Anforderungen der vorgesehenen Auswertung zu umschreiben. Bei der folgenden Programmwahl zeigt sich dann sehr oft, dass trotz dem grossen Angebot nicht immer das Passende gefunden werden kann und sich daher gewisse Kompromisse aufdrängen.
Einige zur Bewältigung der bis jetzt beschriebenen Problemkreise zu beachtende Eigenschaften der Computerprogramme sind in den folgenden Punkten

Abb. 6.72
Phasenweises Darstellen des Netzplanes im Zeitmassstab

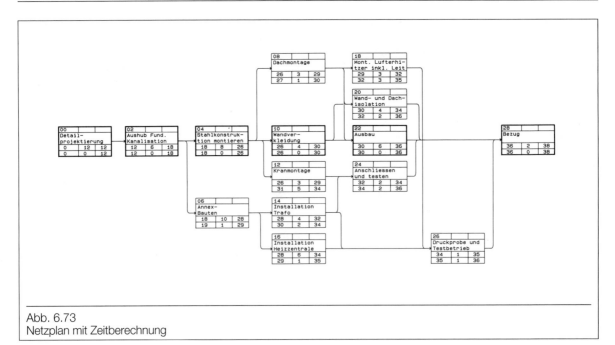

Abb. 6.73
Netzplan mit Zeitberechnung

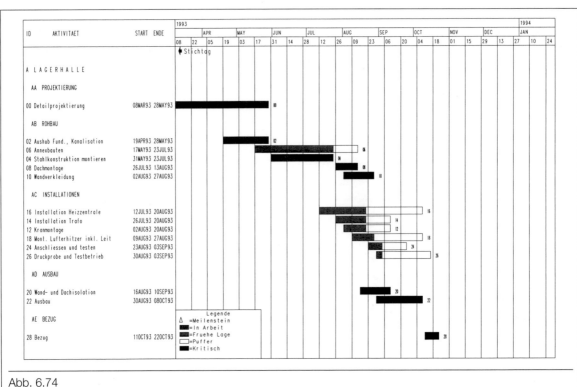

Abb. 6.74
Netzplanresultat als Balkendiagramm

Netzplantechnik

aufgeführt, wobei je nach Programm das Schwergewicht beim einen oder andern liegt:
• In der Numerierung des Netzplanes, die ja dazu dient, dem Programm die Struktur zu vermitteln, ist man heute weitgehend frei. Die einzige Beschränkung liegt darin, jede Ereignisnummer (VPN) oder Vorgangsnummer (VKN) nur einmal zu verwenden. Zu prüfen ist, ob die für die Nummern vorgesehene Stellenzahl, die je nach Projektstrukturierung noch zusätzliche Codes aufzunehmen hat, genügt.
• Die Verarbeitungskapazität des Programms wird meist durch die Anzahl Vorgänge und Anordnungsbeziehungen umschrieben. Auch in dieser Beziehung bieten moderne Programme nur selten Restriktionen (Zahl der Vorgänge 2000 bis 5000 oder mehr).
• Die meisten Programme verarbeiten vorgangsorientierte Netzpläne. Dabei gibt es Programme, die nur Vorgangspfeil-Netzpläne, nur Vorgangsknoten-Netzpläne oder beide Systeme wahlweise verarbeiten können
• Umfasst das Planungssystem mehrere Stufen (Kap. 10), so stehen dafür Programme zur Verfügung, die die Berechnung auf der einzelnen Stufe durchführen, wobei die Abstimmung nach oben und unten gewährleistet ist.
• Wird auf einer Projektstufe der Netzplan horizontal gegliedert, so kann es von der Programmkapazität oder der Wirtschaftlichkeit der Verarbeitung zweckmässig sein, die einzelnen Teilpläne getrennt zu berechnen. In diesem Fall ist es von Vorteil, wenn das Programm mehrere Start- und Zielereignisse (VPN) bzw. Vorgänge (VKN) zulässt.
• Während der Eingabe- und Berechnungsphase kontrollieren die meisten Programme die Daten hinsichtlich Fehler (fehlende Vorgänge, Doppelnumerierung, Schleife usw.).
• Für die Resultatausgabe bieten die Programme verschiedene Sortierungen nach:

– Vorgangsnummer (Zusammenhang Liste-Netzplan),
– verantwortlicher Stelle bzw. Unternehmung,
– frühesten und spätesten Vorgangszeitpunkten (Terminkontrolle),
– Pufferzeit (Dringlichkeit),
– gleichem Arbeitsort,
– Kontonummer u.a.m.

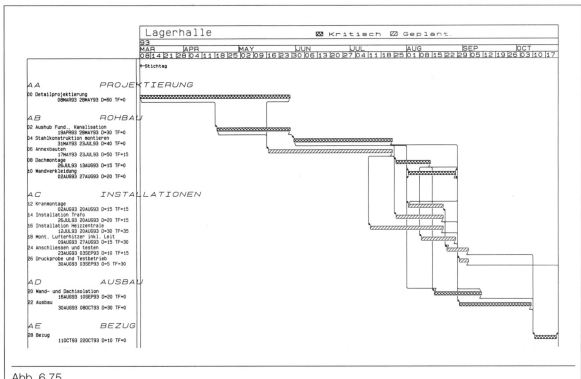

Abb. 6.75
Netzplanresultat als Balkendiagramm mit Abhängigkeiten

Innerhalb jeder Gruppierung sind noch Untersortierungen möglich. Dabei kann von der einen oder andern Liste auch nur ein Teil verlangt werden. Neben dieser listenmässigen Darstellung werden vor allem graphische Ausdrucke verwendet. So eignet sich die Netzplandarstellung für die Kontrolle der Abhängigkeiten (Abb. 6.73). Als Arbeitsinstrument werden meist Balkendiagramme ausgedruckt (Abb. 6.74), die für das Verständnis der Verbraucher, für Dispositionszwecke und die Überwachung die gebräuchlichste Unterlage darstellen. Mit Programmen der höheren Leistungsklasse lassen sich auch Balkendiagramme mit Abhängigkeiten (zeitmassstäblicher Netzplan) zeichnen (Abb. 6.75).

Nach dem Erstellen der Ablaufstruktur, ihrer Numerierung, dem Ermitteln der Vorgangsdauer und der Wahl des passenden Programms können die entsprechenden Daten in den Computer eingegeben und berechnet werden. Durch die preisgünstigeren Computer und Standardprogramme sind mehr und mehr Benützer in die Lage versetzt, diese Auswertungen auf der eigenen Anlage (z.B. einem leistungsfähigen PC) vorzunehmen.

7 Lieferprogramm

7.1 Problemstellung

So wie die Projektierung in der Ablaufplanung oft nicht erfasst wird, geschieht dies auch mit der Bestellung und Lieferung von Projektteilen (Komponenten) aller Art. Besonders durch die Arbeitsverlagerung von der Baustelle in verschiedene Produktionsstätten und durch die länger werdenden Lieferfristen gewinnen Planung und Überwachung dieses Teils des Projektablaufes ständig an Bedeutung. Ein einmaliges, mehr oder weniger überlegtes Festlegen der Lieferdaten genügt nicht, sondern die Auswirkungen der Projektentwicklung müssen sich laufend auf die Lieferforderung übertragen. Für diese Aufgabe eignet sich eine Planung (Lieferprogramm), die sich auf den Netzplan des Projektablaufes abstützen kann, am besten, da man dadurch die gleichen, aussagekräftigen Informationen gewinnt (z.B. Dringlichkeit). Allerdings lassen sich die entwickelten Ideen für dieses Lieferprogramm auch auf andere Planungstechniken abstützen. Die Angaben aus dem Lieferprogramm sollen helfen, die Unsicherheit, die im Einkauf meist besteht, zu beseiti-

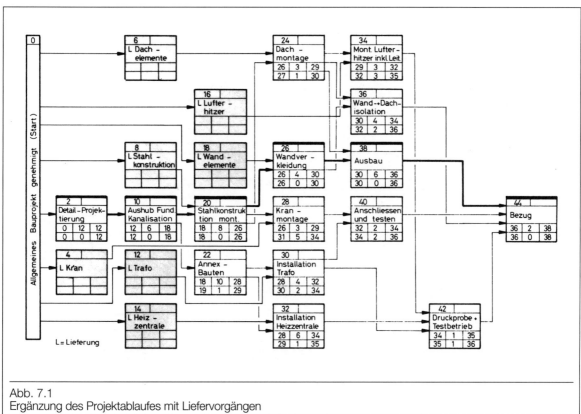

Abb. 7.1
Ergänzung des Projektablaufes mit Liefervorgängen

gen. Wird nämlich das Material zu spät angeliefert, können daraus Verzögerungen für das ganze Projekt folgen; wird es zu früh auf die Baustelle gebracht, so entstehen, ganz abgesehen von den früher anfallenden Zahlungen, Aufwendungen für mehrfache Manipulation und Lagerung. Dies ist für Baustellen in Städten oft unmöglich, dort bedingt die Platzknappheit den unmittelbaren Einbau des Materials direkt ab dem Transportmittel.

Es ist also unerlässlich, die wichtigsten Lieferungen, die zur Projektabwicklung notwendig sind, planerisch zu erfassen. Welches Material soll nun in seinem Beschaffungsablauf gezeigt werden? Grundsätzlich kann man das Material in zwei Kategorien einteilen, solches, das ab Lager in kurzer Zeit zu beschaffen ist, und solches, das gemäss spezifischen Aufträgen längere Lieferzeiten aufweist. Im Lieferprogramm wird in der Regel nur Material mit erheblichen Lieferzeiten (relativ zur Projektdauer) gezeigt.

7.2 Auswirkungen der Lieferungen auf die Zeitanalyse

Bei grösseren Projekten, die viele Lieferungen umfassen, kann man davon ausgehen, dass die Netzplantechnik angewandt wird. In Abb. 6.54 ist ein Netzplan in vereinfachter Form für eine Lagerhalle dargestellt, wobei Planung und Ausführung, nicht aber die für die Montagen notwendig anzuliefernden Komponenten gezeigt sind. Eine erste Lösung geht dahin, den Netzplan um diese Liefervorgänge zu ergänzen (Abb. 7.1).

Die im Netzplan durchgeführte Zeitberechnung gibt Auskunft, welche Forderungen von der Ausführung an die Lieferfristen gestellt werden. Betrachtet man die Vorgangsdauer als 0, so ergibt die Berechnung der freien und der gesamten Pufferzeit die Werte, die man im Hinblick auf die Fortsetzung zum frühesten bzw. spätesten Zeitpunkt dem Liefervorgang zugestehen kann.

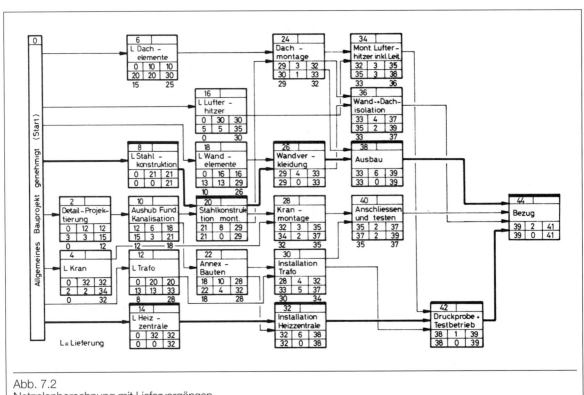

Abb. 7.2
Netzplanberechnung mit Liefervorgängen

Lieferprogramm

i	Dauer	Vorgang	FP	GP	marktgerechte Dauer
4	0	L Kran	26	31	32←
6	0	L Dachelemente	26	27	10
8	0	L Stahlkonstruktion	18	18	21←
12	0	L Trafo	28	30	20
14	0	L Heizzentrale	28	29	32←
16	0	L Lufterhitzer	29	32	30←
18	0	L Wandelemente	26	26	16

L = Lieferung

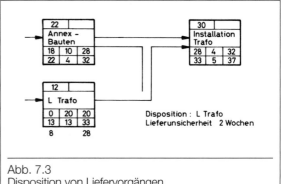

Abb. 7.3
Disposition von Liefervorgängen

Die zur Verfügung stehenden Zeitspannen werden nun mit marktgerechten Lieferfristen (D_{Markt}) konfrontiert. Dabei können drei Fälle auftreten:
- D_{Markt} ist kleiner als FP (freie Pufferzeit): Die Beschaffung hat keinen Einfluss auf die Montage, weil diese zum frühesten Zeitpunkt, der von der Baustelle ermöglicht wird, beginnen kann
- D_{Markt} ist kleiner als GP (gesamte Pufferzeit): Die Beschaffung braucht einen Teil der Pufferzeit, der für die Montage dann nicht mehr zur Verfügung steht.
- D_{Markt} ist grösser als GP (gesamte Pufferzeit): Die Beschaffung hat einen Einfluss auf den Projektendzeitpunkt.

Können im dritten Fall bei den Vergebungsverhandlungen die Lieferzeiten nicht reduziert werden (evtl. unter Inkaufnahme höherer Preise) oder kann der verbleibende Projektablauf auf der Baustelle nicht beschleunigt werden, so verlängert sich die Projektdauer (Abb. 7.2).
Im neu berechneten Netzplan sind die nicht kritischen Vorgänge zu disponieren (Kap. 6.3.5.2). Dabei wird man von den Vorgängen der Ausführung ausgehen und den festgelegten, geplanten Anfangszeitpunkten die Lieferungen unmittelbar oder mit einem Risikozuschlag vorangehen lassen (Abb. 7.3).

Das Einbeziehen der Anlieferung der einzelnen Komponenten hat die Vorgangszahl im Netzplan stark erhöht. Berücksichtigt man in einem nächsten Schritt noch eine Gliederung des Sammelvorgangs «Lieferung» (Abb. 7.4), erhöht sich die Vorgangszahl nochmals wesentlich. Sind die Anlieferungen einer grösseren Zahl Komponenten zu planen, so empfiehlt es sich, den Netzplan davon zu entlasten und dafür ein eigenes, darauf abgestimmtes Lieferprogramm aufzubauen (Abb. 7.5). Diese Trennung in einzelne Systeme, die sich vom Verarbeitungsaufwand her als zweckmässig erweist, kann auch deshalb in den meisten Fällen vertreten werden, da die einzelnen Beschaffungsketten in der Regel keine Verknüpfungen haben. Zugleich besteht die Möglichkeit, die Kenndaten für jede Komponente genauer und umfassender festzuhalten, als dies von der im Netzplan verkraftbaren Datenmenge her der Fall wäre.

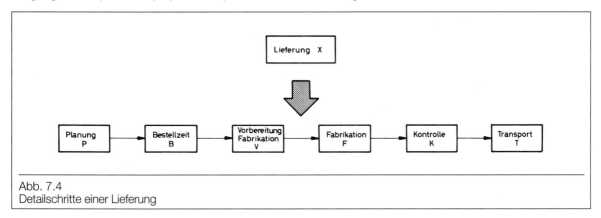

Abb. 7.4
Detailschritte einer Lieferung

So können neben der eigentlichen Komponentenbezeichnung deren Stückzahl, die Systemzugehörigkeit, die Lieferantenangaben (Artikel-Nr., Lieferfirma, Bestell-Nr.), die Nummer des Arbeitspaketes, zu dem die Komponente gehört, und eine ganze Anzahl Daten festgehalten werden.

7.3 Unterstützung durch die EDV

Ein grosser Vorteil der Computeranwendung stellt die Flexibilität beim sukzessiven Aufbau des Lieferprogramms dar. So lassen sich neue Komponenten, veränderte Kalenderdaten, bestimmte Lieferanten, geänderte Stückzahlen leicht ergänzen bzw. mutieren, so dass das Datenmaterial immer auf dem neuesten Stand gehalten werden kann.
Indem nicht nur die Sortierungen mit wählbarer Priorität festgelegt werden können, sondern auch Selektionsmöglichkeiten bestehen, kann die Datenausgabe gezielt und damit möglichst kurz gehalten werden.

Voraussetzung für den Aufbau eines Lieferprogrammes ist ein datenbankgestütztes Computerprogramm. Dies trifft für die leistungsfähigeren Netzplanprogramme zu. Wenn ein einfaches Terminplanungsprogramm verwendet wird, kann eine Kombination mit einem Datenbankprogramm die Lösung sein. Abb. 7.6 zeigt ein mit der EDV erstelltes Balkendiagramm.

7.4 Kostenerfassung

In einer erweiterten Anwendung können auch die Kosten bzw. deren Fälligkeiten miteinbezogen werden. Voraussetzung ist das Festhalten der Zahlungsmodalitäten und der auslösenden Zustände (z.B. Bestellung). Aufgrund dieser Angaben können die fälligen Zahlungen pro Monat über die ganze Lieferdauer ausgewiesen werden (Abb. 7.7).
Je nach Codierung können die Kosten aller Komponenten bestimmter Systeme oder von Kostenstellen u.a.m. ermittelt werden.

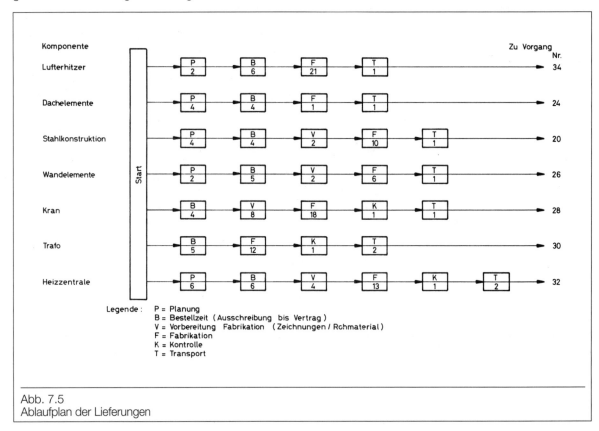

Abb. 7.5
Ablaufplan der Lieferungen

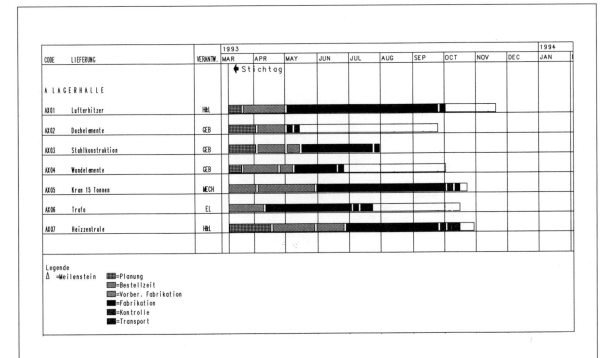

Abb. 7.6
Balkendiagramm für die Lieferungen

Brandenberger+Ruosch AG

SEITE: 1

REPORT: M_RESBUD

BUDGET LIEFERUNGEN [kFr]

REPORT DATUM:17DEC92

PROJEKT: LAGERHA2

Lagerhalle
basierend auf fruehestem Start

STICHTAG:08MAR93

Teilprojekt	1993 JAN	FEB	MAR	APR	MAY	JUN	JUL	AUG	SEP	OCT	NOV	DEC	Summe
AX01 Lufterhitzer					11					11			22
AX02 Dachelemente					100								100
AX03 Stahlkonstruktion					195		195						390
AX04 Wandelemente				67		67							134
AX05 Kran 15 Tonnen				27						27			54
AX06 Trafo				14			14						28
AX07 Heizzentrale					20					20			40
TOTAL				108	326	67	209			58			768

Abb. 7.7
Monatliche Zahlungen für Lieferungen

8 Kapazitätsplanung

8.1 Notwendigkeit der Kapazitätsplanung

Eine sorgfältige Arbeitsvorbereitung der Planung und Ausführung lohnt sich in jedem Falle; dies ist eine alte Tatsache. Jede Arbeit läuft besser, d.h. reibungsloser und wirtschaftlicher ab, wenn man vorgängig den Arbeitsablauf sauber durchdenkt und festhält. Man ist dabei bestrebt, die zweckmässigsten Planungsabläufe, die bestmögliche technische Lösung, das günstigste Arbeitsverfahren und die dazugehörigen Arbeitskräfte, Geräte, Maschinen und andere Hilfsmittel zu bestimmen. Die für eine sorgfältige Arbeitsvorbereitung der Planungs- wie Ausführungsphase benötigte Zeit lässt sich erfahrungsgemäss durch die reibungslose Abwicklung kompensieren. Projektierende und Unternehmer sollten diesem Problemkreis erhöhte Aufmerksamkeit schenken, denn eine saubere, systematische Arbeitsvorbereitung, unter bestmöglicher Ausnutzung des bestehenden Erfahrungsschatzes, lohnt sich in jedem Falle. Vor allem den Unternehmern muss die für die Arbeitsvorbereitung benötigte Zeit zur Verfügung gestellt werden. Die zunehmende Mechanisierung der Bauvorgänge (vermehrter Einsatz von Maschinen und anderen Hilfs-

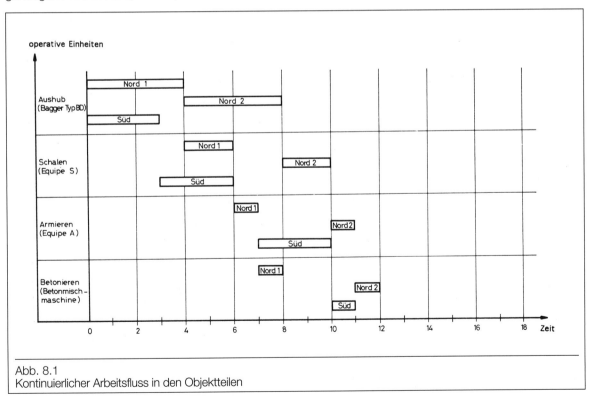

Abb. 8.1
Kontinuierlicher Arbeitsfluss in den Objektteilen

mitteln) und die erzielbaren Preise zwingen ganz allgemein zu einer sorgfältigeren Planung des Bauablaufes.

Üblicherweise werden für die Kapazitätsplanung die notwendigen Hilfsmittel (Mitarbeiter, Geräte, Maschinen) zu einer operativen Einheit zusammengestellt. Aufgrund derer Leistungsfähigkeit wird die Dauer der Vorgänge bestimmt und zum Beispiel im Balkendiagramm eingetragen. Man kann dabei vom Arbeitsablauf in einzelnen Objektteilen ausgehen (Abb. 8.1) oder von Einsatzgesichtspunkten der operativen Einheiten (Abb. 8.2). Je nach Zielsetzung wird man der einen oder andern Lösung den Vorzug geben. Es geht also auch darum, mit dem Planungsinstrument verschiedene Varianten durchzudenken und deren Vor- und Nachteile gegeneinander abzuwägen.

Um aus geplanten Abläufen realistische Aussagen zu erhalten, ist eine Kapazitätsplanung notwendig. Im Feinheitsgrad ihrer Anwendung ist aber Zurückhaltung zu üben. Innerhalb der vorgegebenen Eckpunkte sollen die Verantwortlichen die Detailplanung situativ, den aktuellen Umständen angepasst, vornehmen können.

8.2 Zielsetzung

Mit Hilfe der Kapazitätsplanung ist man in der Lage, wahlweise eine der folgenden Zielsetzungen zu erfüllen:
- Minimierung der Gesamtprojektdauer bei vorhandenen Kapazitätsschranken,
- Optimieren des Kapazitätseinsatzes bei Einhaltung eines vorgegebenen Projektendzeitpunktes.

Im ersten Falle (Abb. 8.3) sind die vorhandenen, verfügbaren Kapazitäten die Taktgeber. Es wird dabei diejenige Kombination angestrebt, die eine möglichst kurze Gesamtprojektdauer ergibt.

Im zweiten Falle (Abb. 8.4) muss der vorgegebene Projektendzeitpunkt unter allen Umständen eingehalten werden. Die Kapazitäten sind variabel. Man versucht dabei, die Kapazitätsbedürfnisse möglichst klein und gleichmässig zu halten.

Beiden Zielsetzungen gemeinsam ist der Zweck, die gestellten Forderungen bestmöglich zu erfüllen. Man versucht eine derartige Koordination zu erreichen, die

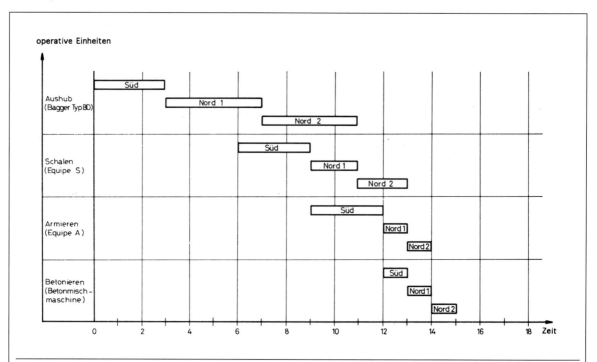

Abb. 8.2
Kontinuierlicher Arbeitsfluss für gleiche Arbeitsgattungen

eine unter den gegebenen Umständen optimale Kapazitätsauslastung gewährleistet. Die Hilfsmittel sind systematisch zu planen, d.h.:
- Qualität,
- Quantität,
- Zeit,
- Ort

müssen berücksichtigt werden.

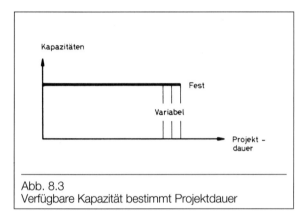

Abb. 8.3
Verfügbare Kapazität bestimmt Projektdauer

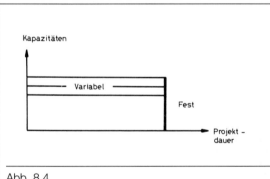

Abb. 8.4
Vorgegebene Projektdauer bestimmt Kapazitätsbedarf

8.3 Vorgehen

Im Kapitel 2.4.2 wurde bereits erwähnt, wie für die Zeitschätzung vorgegangen wird. Basierend auf der normalen Durchführung der Vorgänge werden die Zeiten geschätzt (Normalkapazität). Die benötigten Hilfsmittel werden in der Vorgangsliste festgehalten. Die gesamte Zeitplanung basiert auf der Annahme, dass die benötigten Kapazitäten in der gewünschten Quantität und Qualität, zur gewünschten Zeit, am richtigen Ort zur Verfügung stehen.

8.3.1 Bedarfsermittlung

Zur Bedarfsermittlung sind für jeden Vorgang festzulegen:
- was für Maschinen, Apparate, Materialien und Arbeitskräfte nötig sind,
- wieviele dieser Hilfsmittel gebraucht werden,
- welche Einschränkungen gelten.

In der Praxis werden Kapazitätsgruppen nach operativen Einheiten gebildet. Nachdem die Kapazitätsgruppen gebildet sind, kann man den projektbezogenen Bedarf ermitteln (meist in Leistungstagen der entsprechenden Kapazitätsgruppe). Im einfachsten Fall nimmt man an, dass sich der Arbeitsanfall gleichmässig über die Dauer des Vorganges verteilt. Trifft diese Vereinfachung nicht zu, so muss der Vorgang in Teilvorgänge mit gleichmässigem Kapazitätsbedarf zerlegt werden, oder es muss dem Vorgang ein Kapazitätsprofil zugeordnet werden. Nachdem für alle Vorgänge die erforderlichen Kapazitäten ermittelt sind, kann für jeden Kapazitätstyp der Bedarf zu jedem Zeitpunkt festgehalten werden. Dieses Belastungsdiagramm (Histogramm) für einen spezifischen Kapazitätstyp kann man sich gedanklich aus einem Teilbalkendiagramm erzeugt vorstellen, das nur die Vorgänge enthält, an denen diese Kapazität gebraucht wird. An dieser Stelle unterscheidet sich die Planung mit dem Balkendiagramm oder mit dem Netzplan. Beim Balkendiagramm entsteht ein Belastungsprofil, beim Netzplan entstehen zwei Belastungsprofile für die frühestmögliche und spätesterlaubte Lage der Vorgänge (Abb. 8.5). Damit sind die beiden Grenzfälle für den Kapazitätsausgleich innerhalb der Pufferzeit festgelegt.

Je nach Zielsetzung kann der Feinheitsgrad der Kapazitätsplanung stark variieren. Handelt es sich um eine grobe Abschätzung der Realisierbarkeit der aufgestellten Terminpläne, können z.B. Kostenrichtwerte für Arbeitsgänge (basierend auf Erfahrungszahlen)

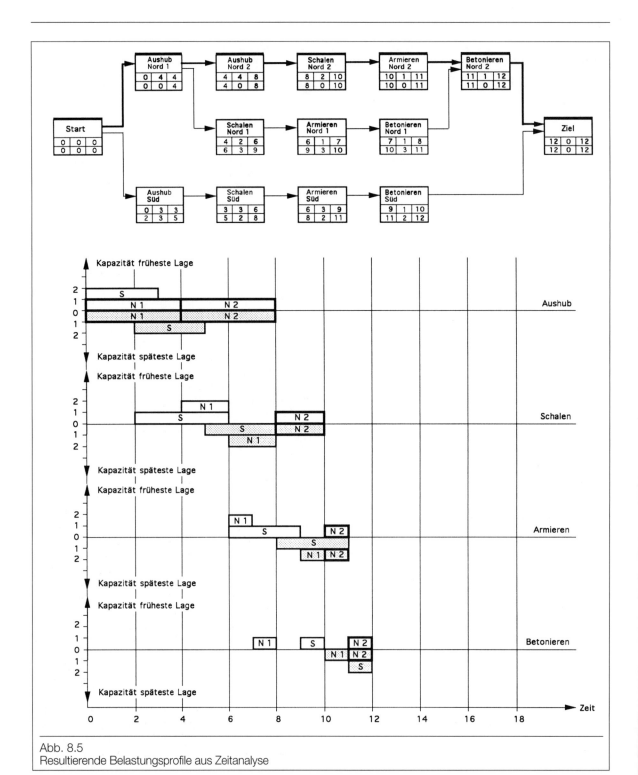

Abb. 8.5
Resultierende Belastungsprofile aus Zeitanalyse

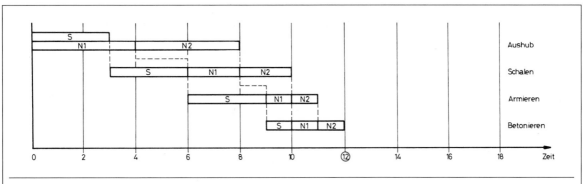

Abb. 8.6
Kapazitätsausgleich bei fester Projektdauer

schon gute erste Resultate liefern. Diese Erfahrungszahlen existieren für die Planungs- wie Ausführungsphase (z.B. ein Ingenieur verprojektiert pro Monat Fr....; ein Rohbauunternehmer verbaut pro Monat Fr....).

Eine genauere Abschätzung ist möglich, wenn man mit Leistungsrichtwerten pro Einsatzgruppe rechnet. Es geht hier um ein Abstimmen der Arbeitskräfte in ihrer Gruppenzusammensetzung und Anpassung derselben an die durch die Hilfsmittel bedingten Leistungen im gesamten Ablauf (z.B. 20 Mann pro Kran).

Vielfach werden kapazitätsmässige Überlegungen basierend auf den sogenannten Leitkapazitäten ausgeführt. Die Leitkapazität bestimmt massgebend die Dauer eines Vorgangs. Sie ist die wichtigste aller an einem Vorgang beteiligten Kapazitäten. Die übrigen Hilfsmittel sind der Leitkapazität untergeordnet und haben sich anzupassen.

Die detaillierteste Form der Kapazitätsplanung ist die Erfassung jedes Hilfsmittels. Wenn es sich nicht um repetitive Arbeitsabläufe handelt, ist diese Lösung aus wirtschaftlichen Gründen nicht vertretbar. Für die Praxis sind brauchbare Lösungen mit vernünftigem Aufwand anzustreben.

8.3.2 Verfügbare Kapazitäten

In der Bedarfsermittlung wurde das Soll an Hilfsmitteln zeitabhängig festgestellt. Damit nun ein Soll/Ist-Vergleich vorgenommen werden kann, muss das Ist (verfügbare Kapazitäten) ermittelt werden. Sämtliche innerhalb des Projektzeitraums verfügbaren Maschinen, Apparate, Arbeitskräfte usw. sind gemäss ihrer zeitlichen Verfügbarkeit pro Kapazitätsgruppe festzuhalten. Dabei ist darauf zu achten, dass diese Werte realistisch sind. Infolge von Maschinenausfällen wird die Kapazität nicht 100% sein, sondern je nach Umständen 50-80%. Bei Arbeitskräften sind Ausfälle (wie Krankheit, Ferien u.a.m.) mitzuberücksichtigen. Die Jahreszeit ist sowohl für Arbeitskräfte, Maschinen, Apparate usw. in diese Überlegungen einzubeziehen.

8.3.3 Ausgleich bei fester Projektdauer

Nachdem nun das Soll wie das Ist der Kapazitätsgruppen erfasst wurden, kann ein Vergleich stattfinden. Meistens zeigt sich, dass das Soll nicht zu jedem Zeitpunkt ausreicht. Es gilt nun, pro Kapazitätsgruppe diesen Vergleich vorzunehmen und einen Ausgleich zu finden.

Beim Abgleich der Kapazitäten wird man die Pufferzeiten ausnützen. Es ist dabei zu überprüfen, ob die volle Pufferzeit zur Verfügung steht (saisonale Arbeiten wie Belagseinbau u.a.m.). Der eigentliche Ausgleich muss durch Probieren erzielt werden. In der Regel wird man den Kapazitätsausgleich als erstes für die Leitkapazität suchen. Neben dem Versuch, den SOLL-Bedarf überall unter dem IST zu halten, wird man auch darauf achten, dass der Einsatz möglichst wirtschaftlich durchgeführt werden kann (keine Unterbrüche, kleine Schwankungen, Anlaufzeit). Als Resultat stellt sich heraus, ob die Zielsetzung für die betrachtete Kapazität erreicht werden kann oder eben nicht. Dieser Abgleich wird in der Regel Pufferzeit aufbrauchen, die für die Überlegungen der nächsten Kapazität nicht mehr zur Verfügung steht. Es drängt sich also nach jedem Schritt eine Neuberechnung des Netzplanes auf. In Abb. 8.6. wurde für das bereits bekannte Beispiel der Kapazitätsausgleich für alle berücksichtigten Hilfsmittel erreicht, wobei zu Beginn des Projektes zwei Bagger zur Verfügung stehen müssen.

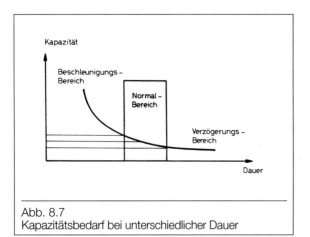

Abb. 8.7
Kapazitätsbedarf bei unterschiedlicher Dauer

Eine weitere Massnahme zum Kapazitätsausgleich innerhalb der Pufferzeit kann darin bestehen, dass gewisse Vorgänge gestreckt oder allenfalls gestaucht werden müssen. Innerhalb bestimmter Bereiche kann man die Dauer variieren, sie ist direkt abhängig von den eingesetzten Kapazitäten. Man unterscheidet drei Fälle (Abb. 8.7):

Beschleunigungsbereich
Dieser Bereich ist nur in Ausnahmefällen zu empfehlen. Die Arbeitskräfte behindern sich gegenseitig im Arbeiten, der Leistungsgrad nimmt sichtlich ab. Die oberste Grenze ist erreicht, wo zusätzliche Kapazitäten keinen Zeitgewinn mehr erbringen.

Normalbereich
Dieser Bereich entspricht der in der Praxis üblicherweise eingesetzten Normalkapazität. In diesem Bereich liegt auch die wirtschaftlichste Ausführungsart.

Verzögerungsbereich
Dieser Bereich ist nicht empfehlenswert, es entsteht unrationelles Arbeiten. Die untere Grenze ist weitgehend durch die Betriebsmittel bzw. betriebliche Überlegungen bedingt.

Wenn keine wesentlichen arbeitstechnischen Gründe dagegensprechen, kann man sich auch mit Unterbrechungen im Ablauf einzelner Vorgänge behelfen. Diese Situation kann zum Beispiel eintreten, wenn eine Arbeitsgruppe von einem Vorgang mit Pufferzeit zwischendurch zu einem kritischen wechselt.

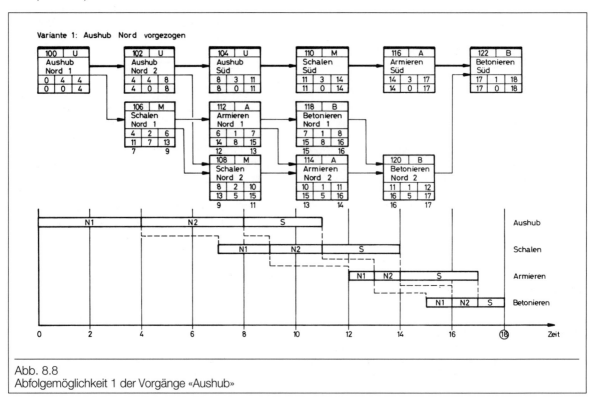

Abb. 8.8
Abfolgemöglichkeit 1 der Vorgänge «Aushub»

8.3.4 Ausgleich mit Kapazitätsschranken

Ergibt der Soll/Ist-Vergleich auch nach dem Kapazitätsausgleich innerhalb der Pufferzeiten, dass gewisse Kapazitätsanforderungen nicht erfüllt werden können und eine Veränderung des Verfügbarkeitsprofils nicht möglich ist, muss eine Verlängerung der Projektdauer in Kauf genommen werden. Kann z.B. die verantwortliche Unternehmung in Abb. 8.6 nur einen statt zwei Bagger zum Einsatz bringen, wird diese Kapazitätsschranke zwingend eine Verschiebung des Projektendzeitpunktes zur Folge haben. Je nachdem, wo das kritische Hilfsmittel (Leitkapazität) zuerst eingesetzt wird, ergeben sich verschiedene Projektdauern. In den Abb. 8.8 und 8.9 sind zwei Möglichkeiten aufgezeigt. Dabei ist die Kapazitätsplanung mit der Netzplanstruktur verknüpft, indem alle Aushubarbeiten sequentiell eingeplant sind.

Das Kapazitätsproblem führt also auf ein Reihenfolgeproblem. Entsprechend den möglichen verschiedenen Anordnungen der einzelnen Vorgänge ergeben sich unterschiedliche Projektendtermine. Allgemein versucht man, diejenige Reihenfolge zu finden, aus der die kürzeste Projektdauer resultiert. Es kann sich daraus eine recht komplexe Optimierungsaufgabe ergeben. Die Anzahl der Lösungsmöglichkeiten steigt nach den Gesetzen der Kombinatorik mit der Fakultät der Zahl theoretisch gleichzeitig möglicher Vorgänge (Abb. 8.10). Als weitere Schwierigkeit ist zu berücksichtigen, dass in den meisten Fällen für mehr als nur eine Kapazität zwingende Schranken bestehen. Die Optimierung der Kapazitäten wird hier nicht eingehend behandelt, sondern im Sinne einer kurzen Orientierung gestreift.

In der Praxis wird heute mit Näherungslösungen gearbeitet, wobei dem «Probierprozess» die EDV-Unterstützung sehr zustatten kommt. Folgende Kriterien können für die Prioritätenbildung beigezogen werden:

- Spätester Anfang, SA
- Spätestes Ende, SE
- Gesamte Pufferzeit, GP
- Vorgangsdauer, D
- Frühester Anfang, FA.

Dabei hat sich keine dieser Regeln als in allen Fällen beste erwiesen.

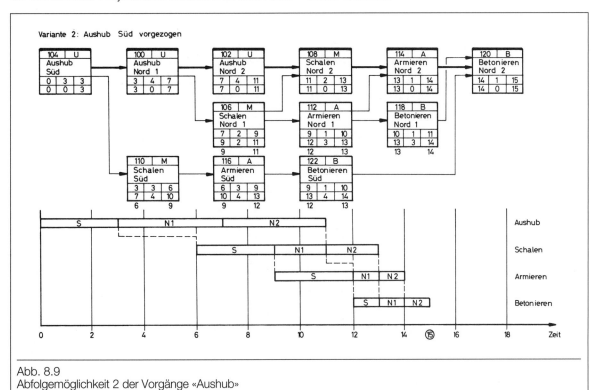

Abb. 8.9
Abfolgemöglichkeit 2 der Vorgänge «Aushub»

8.4 Kapazitätsplanung im Projekt

Aus der Ablaufplanung eines Projektes geht hervor, wann welche Leistungen gebraucht werden. Im Hinblick auf eine gesamthaft betrachtet wirtschaftliche Projektabwicklung wird bereits durch die Projektplaner versucht, die Kapazitätsforderung realistisch zu gestalten. Angesprochen sind der Umfang des Kapazitätseinsatzes, verglichen zur Projektgrösse und die Gleichmässigkeit der Kapazitätsauslastung.
Damit wird sichergestellt, dass die in Ausschreibungen geforderten Termine von den Leistungsträgern auch erfüllt werden können.
Mit den vorgesehenen Leistungsträgern (Projektanten und Unternehmungen) ist der Ablauf zu besprechen. Dabei haben die Anbieter grob nachzuweisen, dass sie zu den geforderten Terminen die notwendigen Kapazitäten bereitstellen können. Falls dazu Anpassungen notwendig sind, sind diese gegenseitig zu vereinbaren. Nach Vertragsabschluss wird der Leistungsträger seine Detailplanung durchführen. Dabei stützt er sich auf die vorgegebenen Informationen bezüglich der Termine und Randbedingungen des Projektes. Seine Detailplanung unterstützt den Projektplan, bei triftiger Begründung muss dieser nochmals angepasst werden. Dies kann zum Beispiel unter einer weiteren Zuteilung von Pufferzeit erfolgen. Aus Sicht des Projektes ist dabei abzuschätzen, in welchem Umfang sich die Risikosituation verändert. Der abgestimmte Projektplan (Koordinationsplan) und die Detailpläne der Leistungsträger bilden den Kern des aufzubauenden Planungssystems (Kap. 10).

8.5 Kapazitätsplanung beim Leistungsträger

Die Kapazitätsplanung bei den einzelnen Leistungsträgern umfasst diejenigen Vorgänge, die sie verantwortlich ausführen oder an denen sie beteiligt sind. Diese werden nun so weit notwendig detailliert, wobei als ein Gliederungskriterium die Möglichkeit, Kapazitäten richtig zuzuteilen, mitzuberücksichtigen ist. Vor allem die aus Sicht der Leistungsträger wichti-

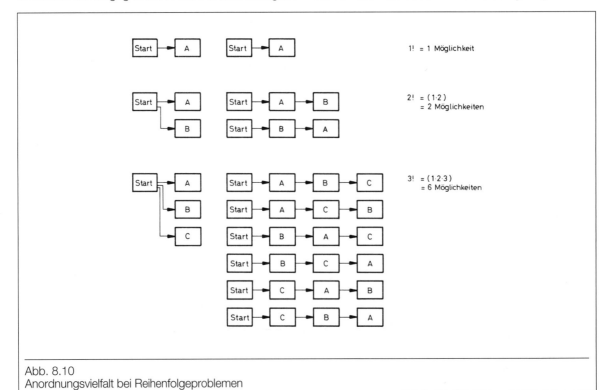

Abb. 8.10
Anordnungsvielfalt bei Reihenfolgeproblemen

Kapazitätsplanung

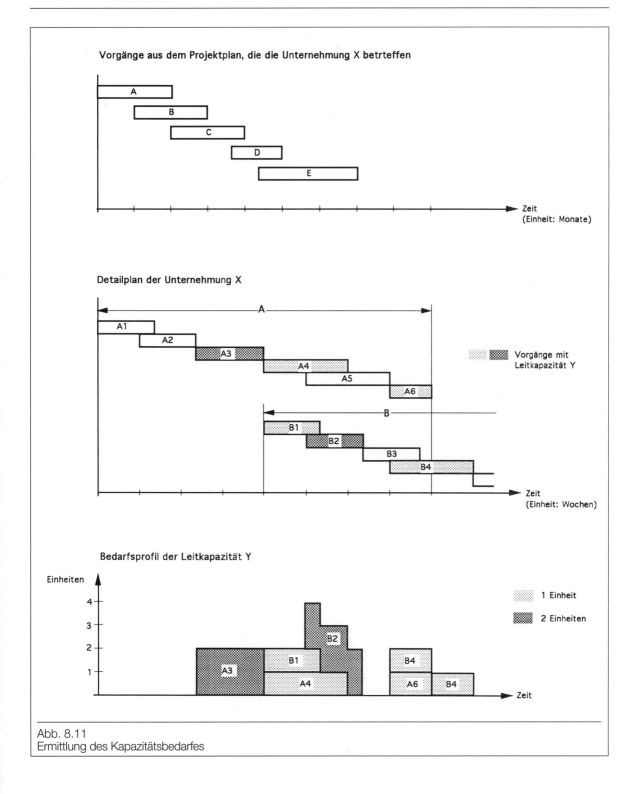

Abb. 8.11
Ermittlung des Kapazitätsbedarfes

gen und/oder knappen Kapazitäten, die Leitkapazitäten, müssen aus seinem Ablaufplan gut ersichtlich sein (Abb. 8.11).

8.6 Mehrprojekt-Kapazitätsplanung

Die Leistungsträger (Projektanten/Unternehmungen) werden immer an mehreren Projekten tätig sein. Ihr Ziel ist es, den Einsatz ihrer Mittel in den verschiedenen Projekten möglichst effizient und für sie im gesamten wirtschaftlich zu gestalten. Das Abstimmen der Ansprüche aus den einzelnen Aufträgen führt zur Mehrprojektplanung. Dabei kann es zu Konfliktsituationen zwischen den Forderungen der einzelnen Projekte und den Möglichkeiten des Leistungsträgers kommen (Abb. 8.12).
Erleichtert wird dieser Planungsschritt, wenn für die Pläne der einzelnen Projekte die gleiche Form gewählt wird (Balkendiagramm/Balkendiagramm als Netzplanresultatdarstellung). Dabei ist diese Mehrprojektplanung auf nicht zu fein gegliederten Plänen (d.h. eventuell auf Zusammenfassungen von detaillierten Plänen) vorzunehmen. Eine möglicherweise sinnvolle Kapazitätsverschiebung kann ja im Hinblick auf die dezentralisierten Baustellen nicht beliebig oft vorgenommen werden.
Bei der heutigen Störanfälligkeit von Projektabläufen (Einsprachen, fehlende Finanzmittel u.a.m.) ist eine Übersicht, die hilft, im eigenen Bereich optimal zu disponieren, von grossem Nutzen. Die wiederkehrende Verarbeitung grösserer Datenmengen lässt für diesen Planungsschritt den Einsatz der EDV besonders nützlich erscheinen.

8.7 Unterstützung durch die EDV

Der Einbezug der Kapazitätsplanung erhöht das Datenmaterial und den Verarbeitungsaufwand beträchtlich. Die zur Lösung dieses Planungsschrittes vorhanden EDV-Programme haben eine für den praktischen Einsatz nützliche Qualitätsstufe erreicht. So können aus beliebig vielen Kapazitäten den Vorgängen mehrere zugeordnet werden. Für die Art der Auflastung bestehen mehrere Möglichkeiten. Ausgewiesen werden die Bedarfs-Histogramme (Abb. 8.13-8.16).

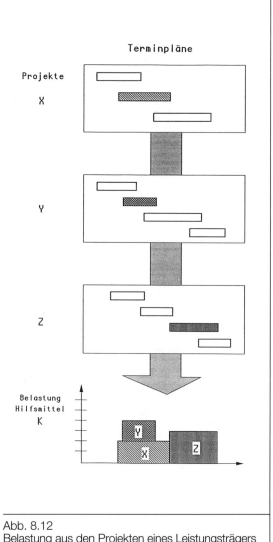

Abb. 8.12
Belastung aus den Projekten eines Leistungsträgers

Kapazitätsplanung

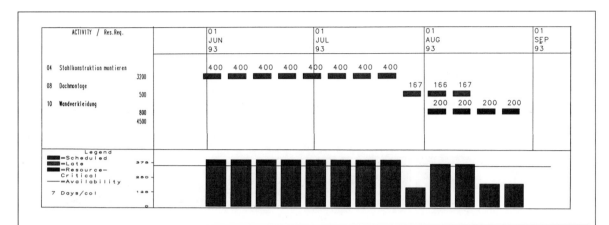

Abb. 8.13
Kapazitätsbedarf bei Zeitlimitierung

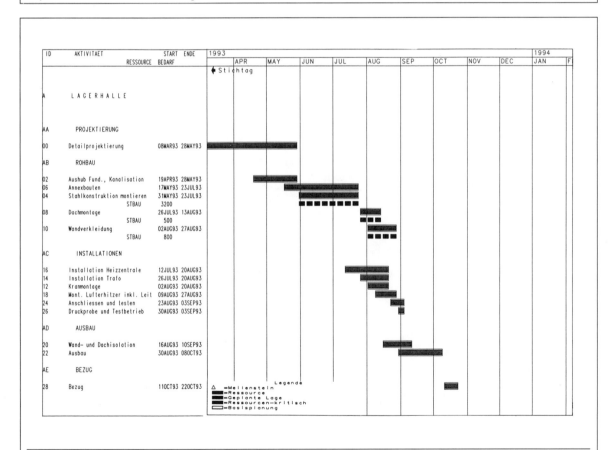

Abb. 8.14
Darstellung des Kapazitätseinsatzes (zeitlimitiert) im Gesamtablauf

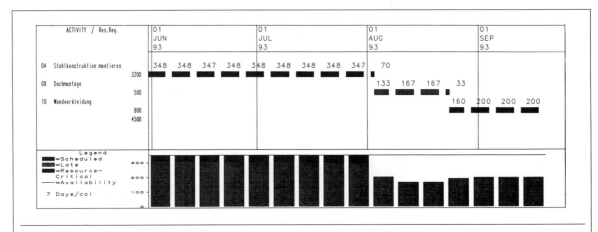

Abb. 8.15
Zeitbedarf bei Kapazitätslimitierung

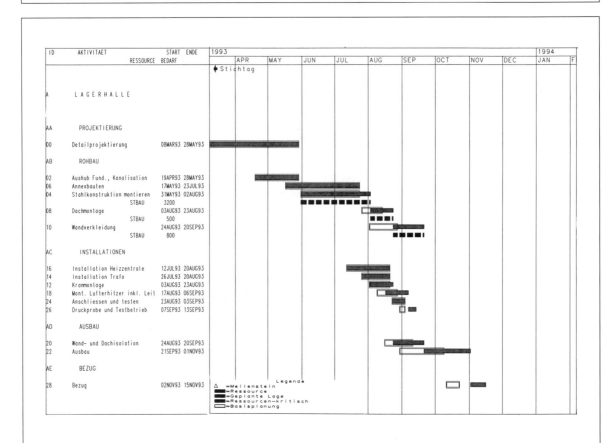

Abb. 8.16
Darstellung der Terminauswirkungen bei limitierten Kapazitäten

9 Kostenplanung

9.1 Zielsetzung und Vorgehen

Zielsetzung
Mit der Kostenplanung will man folgende Ziele erreichen:
- Kenntnis des zeitlichen Projektkostenverlaufes,
- Optimierung von Zeit und Kosten für ein Projekt,
- verbesserte Kostenüberwachung durch laufende Soll/Ist-Vergleiche im Projektablauf.

Die Verknüpfung der Kosten des Projektes mit dessen zeitlichem Ablauf ergibt die notwendigen Informationen zur Mittelbereitstellung.
Die Projektkosten sind innerhalb gewisser Grenzen abhängig von der zur Verfügung stehenden Projektzeit. Durch Wirtschaftlichkeitsüberlegungen soll die optimale Projektzeit herausgefunden werden. Dieser Prozess hilft, das Kostendenken im Bauwesen zu fördern.
Eine wesentliche Funktion der Kostenplanung ist es, eine wirksame, aktuelle Kostenüberwachung während der gesamten Projektrealisierung (alle Phasen beinhaltend) zu gewährleisten (Kap. 11.4).

Vorgehen
Die Durchführung der Kostenplanung wickelt sich in folgenden Schritten ab:
- Bestimmen der Kosten pro Vorgang oder Arbeitspaket,
- Berechnen der Projektkosten pro Zeitfenster und gesamthaft,
- Ermitteln der Zeit/Kosten-Relation pro Vorgang (oder Arbeitspaket) bzw. des Projektes,
- Ermitteln der Ausfallkosten,
- Gesamtkosten-Optimierung.

9.2 Bestimmen der Vorgangskosten

Das Bestimmen der Kosten pro Vorgang bedingt, dass eine klare Umschreibung der auszuführenden Arbeiten vorliegt, d.h, Verfahren, Materialien und Kapazitäten müssen bekannt sein. Jedem Vorgang sind die Kosten zuzuordnen. Es kann zweckmässig sein, die Ablaufpläne mit zusätzlichen Vorgängen bzw. Teilarbeiten zum Zwecke einer umfassenden Kostenzuordnung zu ergänzen (z.B. Bauleitung, Vorhalten von Installationen usw.).
Die Quelle der Kosteninformationen hängt von der angewandten Kostenplanung ab. Die Ermittlung der Vorgangskosten wird bei Anwendung der Elementkosten-Methode erleichtert. Die Elemente sind am Objekt so definiert, dass sie sich mit den Vorgängen, die ihre Herstellung umschreiben, in den meisten Fällen leicht zur Deckung bringen lassen. Der Vorteil der Elementkosten-Methode gegenüber dem Baukostenplan besteht in ihrer Struktur, die Aussagen in einem frühen Projektstadium zulässt. Und in diesem Zeitraum soll die Ablaufplanung aufgebaut werden.
Oft liegen die Kosten in Form des Baukostenplanes vor. Darin werden die Kosten nach Arbeitsgattungen aufgeführt.
In beiden Fallen geht es darum den Zusammenhang zwischen der Gliederung der Kosten (Leistungsverzeichnis) und den Vorgängen herzustellen (Abb. 9.1). Dabei können drei Fälle auftreten:
- die Leistungsposition ist gleich den Vorgangskosten,
- die Leistungsposition teilt sich auf mehrere Vorgänge auf.
- mehrere Leistungspositionen zusammen ergeben die Vorgangskosten.

Beim Erstellen des Kostenzusammenhangs stellt sich die Frage des Feinheitsgrades auf der Seite «Leistungsverzeichnis» wie auf der Seite «Vorgänge». Für

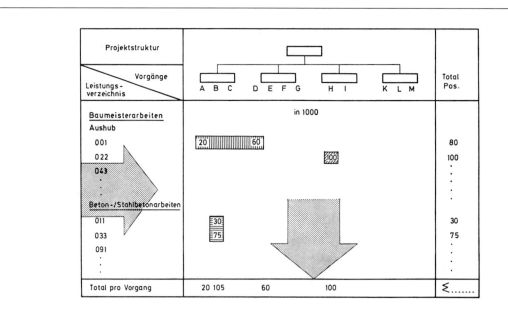

Abb. 9.1
Umschlüsselung der Kosten aus dem Leistungsverzeichnis auf die Vorgänge (Vorgangsgruppen)

die formulierte Zielsetzung ist von einer zu feinmaschigen Matrix abzuraten, da der Aufwand für die Umgliederung rasch steigt und die Resultate unwesentlich verbessert werden. Ist aus Gründen der Steuerung der Arbeiten der Plan sehr fein gegliedert, wird für die Kostenplanung mit einem Kondensat, das eventuell auch aus anderen Gründen benötigt wird, gearbeitet. In Ausnahmefällen können die Vorgangskosten auch getrennt geschätzt bzw. berechnet werden. Je nach Grösse und Detaillierung des Projektes entscheidet man, ob eine Zuordnung der Kosten pro Vorgang oder Arbeitspaket vorgenommen werden soll.
Als weitere Information ist noch festzuhalten, wie die Vorgangskosten anfallen (Abb. 9.2), ob:
- am Vorgangsende,
- nach bestimmten Vorgangsteilen,
- linear (d.h. pro fakturierbarer Zeiteinheit).

Dabei ist noch zu berücksichtigen, ob die Kosten zum Zeitpunkt deren Anfall oder bei ihrer Begleichung eingetragen werden sollen. Die Differenz entspricht der durchschnittlichen Zahlungsfrist.

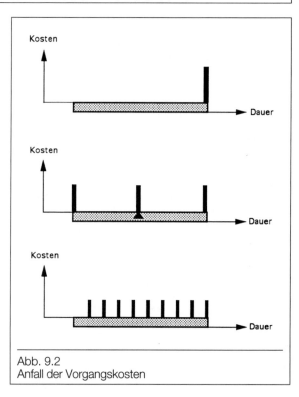

Abb. 9.2
Anfall der Vorgangskosten

9.3 Bestimmen der Projektkosten

Nachdem man die Kosten pro Vorgang oder Arbeitspaket ermittelt hat, kann man die Beträge für das ganze Projekt für gewählte Zeitfenster (z.B. Quartal) aufsummieren. Die Summe dieser Beträge ergibt die gesamten Projektkosten. Wann die Vorgangskosten anfallen, hängt von der Lage der Vorgänge ab. Die Aufsummierung erfolgt für deren früheste und späteste Lage (Abb. 9.3).

Üblicherweise werden die Kosten pro Zeiteinheit kumuliert und als Summenkurve dargestellt. Wird die Berechnung für die früheste und späteste Lage der Vorgänge durchgeführt, so ergeben sich die beiden extremen Kostenverläufe. Dazwischen liegt die Kurve, die nach der Disposition der nichtkritischen Vorgänge (Kapazitätsplanung, Randbedingungen, Risiko usw.) den geplanten Verlauf wiedergibt (Abb. 9.4).

Die vorliegende Unterlage kann für mehrere Zwecke verwendet werden:
- Budgetierung (als Grundlage für die Finanzplanung),
- Grundlage von Zahlungsplänen bei Pauschalvergebungen (z.B. an Generalunternehmer),
- Kostenüberwachung (durch zeitabhängige Soll/Ist-Vergleiche).

Beeinflusst werden kann dieser Kostenverlauf speziell bei längerfristigen Projekten durch die Teuerung und Kapitalkosten. Ferner ist noch zu überprüfen, ob die ausgewiesenen Kosten in vollem Umfang als Ausgaben zu betrachten sind oder ob sich diese davon wesentlich unterscheiden (z.B. Eigenkapitalzins ergibt Kosten, aber keine Ausgaben).

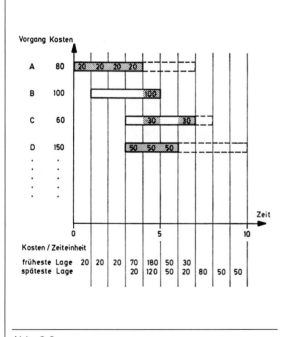

Abb. 9.3
Anfall der Projektkosten

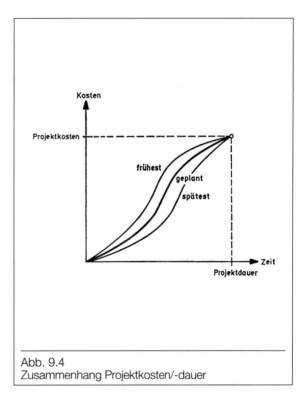

Abb. 9.4
Zusammenhang Projektkosten/-dauer

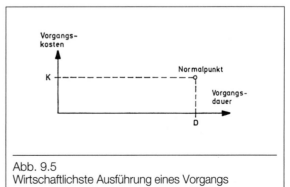

Abb. 9.5
Wirtschaftlichste Ausführung eines Vorgangs

9.4 Zeit/Kosten-Optimierung des Projektes

9.4.1 Zielsetzung

Der zeitlich berechnete Ablauf ergibt nicht immer einen Endtermin (oder Zwischentermin), der mit den Erwartungen bzw. Vorgaben übereinstimmt. Das Ziel besteht nun darin, die Projektdauer auf die wirtschaftlichste Weise zu verkürzen. Dazu werden die kritischen Vorgänge untersucht, weil sich die Verminderung ihrer Vorgangsdauer auf den Projektendtermin auswirkt (Kap. 6.3.4). Durch eine weitergehende Überlappung von kritischen Vorgängen kann eine Zeiteinsparung in den meisten Fällen erreicht werden. Dies meist ohne grossen Mehraufwand, aber unter Inkaufnahme eines erhöhten organisatorischen Risikos. Sind diese Möglichkeiten erschöpft, versucht man, kritische Vorgänge durch zusätzlichen Einsatz von Hilfsmitteln und Personal (Maschinen, Überstunden usw.) unter geringstem Mehraufwand zu verkürzen. Zu diesem Zwecke bedarf man Beurteilungskriterien, die in der Folge behandelt werden sollen.

9.4.2 Zeit/Kosten-Relation der Vorgänge

Basierend auf einer Normalkapazität, wurden für den Vorgang die Dauer D und die dazugehörigen Kosten K festgelegt. Diese Art der Ausführung entspricht der normalen, wirtschaftlich günstigsten pro Vorgang. Die Darstellung im Zeit/Kosten-Diagramm ergibt einen Punkt, den sogenannten Normalpunkt mit Minimalkosten (Abb. 9.5). Versucht man, die Dauer D zu verkürzen, so werden im allgemeinen höhere Kosten entstehen. Diese Kosten werden maximal (K_{MAX}) bei der für die Ausführung des Vorgangs minimalen Dauer D_{MIN}. Wie aus Abb. 9.6 ersichtlich, ergibt sich eine Zeit/Kosten-Relation pro Vorgang, meistens in Form einer stetigen Kurve. Die nötigen kostenmässigen Unterlagen sind in der Praxis nicht immer leicht zu beschaffen, so dass man oft zur Vereinfachung einen linearen Verlauf zwischen Normal- und Maximalpunkt annimmt, unter Voraussetzung der unbeschränkten Teilbarkeit der Hilfsmittel.

Je nach Vorgang zeigen sich für das Verkürzen folgende Möglichkeiten:
- keine,
- schrittweise (ein oder mehrere Schritte),
- kontinuierlich (linear/nicht-linear).

Die Kosten der eingesparten Zeit eines Vorgangs werden durch die Steigung der Kostenkurve dargestellt. Das Steigungsverhältnis lässt sich folgendermassen definieren:

$$V = \frac{K_{MAX} - K_{NORM}}{D_{NORM} - D_{MIN}} \quad \text{(Fr. / Zeiteinheit)}$$

Mit Hilfe des Steigungsverhältnisses lassen sich die Mehrkosten der gewonnenen Zeit bestimmen. Zum besseren Verständnis wird ein kleines Beispiel durchgerechnet (Abb. 9.7).

$$\begin{aligned}
D_{NORM} &= 4 \text{ Wochen} \\
K_{NORM} &= 24'000 \text{ Fr.} \\
D_{MIN} &= 2 \text{ Wochen} \\
K_{MAX} &= 28'000 \text{ Fr.}
\end{aligned}$$

$$V = \frac{(28\,000 - 24\,000) \text{ Fr.}}{(4 - 2) \text{ Wochen}} = 2000 \text{ Fr./ Woche}$$

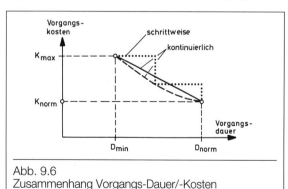

Abb. 9.6
Zusammenhang Vorgangs-Dauer/-Kosten

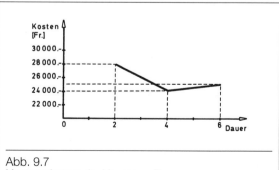

Abb. 9.7
Kostenrelevanz der Vorgangs-Dauer

Kostenplanung

Die Mehrkosten für eine Zeitverkürzung (Beschleunigung) um 1 Woche ergeben in diesem Beispiel Fr. 2000. Verkürzt man den betrachteten Vorgang um 2 Wochen, so ergeben sich demzufolge Mehrkosten von Fr. 4000. Technologisch bedingt lässt sich die Ausführungszeit im aufgeführten Beispiel nicht mehr weiter verkürzen. Der Begriff der normalen, wirtschaftlich besten Ausführungsart lässt sich an diesem Beispiel zeigen. Verlängert (verzögert) man die Vorgangsdauer nun um 2 Wochen auf 6 Wochen, indem man andere Maschinen einsetzt, steigen die Kosten auf Fr. 25'000 an. Eine Verlängerung von D_{NORM} um 2 Wochen, d.h. auf 6 Wochen, würde gegenüber K_{NORM} Mehrkosten von Fr. 1000 bedingen und wäre somit unwirtschaftlich.

Abb. 9.8 zeigt einige Beispiele von Zeit-Kosten-Relationen von Vorgängen. Die starken Unterschiede weisen auf die Wichtigkeit der richtigen Auswahl hin. Generell stellt man fest, dass günstig zu beschleunigende Vorgänge eher in den Phasen bis Baubeginn zu finden sind. Auch aus dieser Erkenntnis heraus sollte der Ablaufplan so früh als möglich erstellt werden.

9.4.3 Zeit/Kosten-Relation des Projektes

Das Steigungsverhältnis (V) der kritischen Vorgänge stellt ein ausgezeichnetes Beurteilungskriterium zum Verkürzen der Projektdauer dar. Damit ist man in der Lage, die Projektdauer unter kleinstem Mehraufwand zu reduzieren, indem man jene Vorgänge mit dem kleinsten V zuerst verändert.

Basierend auf einem Beispiel, werden die beim Verkürzen vorgenommenen Schritte erläutert. Der Netzplan ist aufgestellt, und die Kosten pro Vorgang sind bestimmt (Abb. 9.9).

Im vorliegenden Netzplan wurden bereits alle Mittel ausgeschöpft, um den Projektendzeitpunkt ohne Mehrkosten zu verkürzen, wie zum Beispiel Parallelarbeiten (Vorgänge B und E). In einem weiteren Arbeitsschritt werden vorerst die kritischen Vorgänge auf eventuelle Beschleunigungsmöglichkeiten untersucht. Zu K_{NORM} und D_{NORM} ermittelt man noch D_{MIN} und K_{MAX}, d.h. die Dauer und Kosten der maximal beschleunigten Vorgänge. In Abb. 9.10 sind die aufgeführten Daten ermittelt; sie bilden die Grundlage für eine möglichst günstige Beschleunigung des Projektes. Neben den schon erwähnten Daten wird das Hilfsmittel bzw. die Kapazität, die eine Beschleunigung ermöglicht, aufgeführt. Als wichtiges Beurteilungskriterium zur Verkürzung wird das Steigungsverhältnis V berechnet.

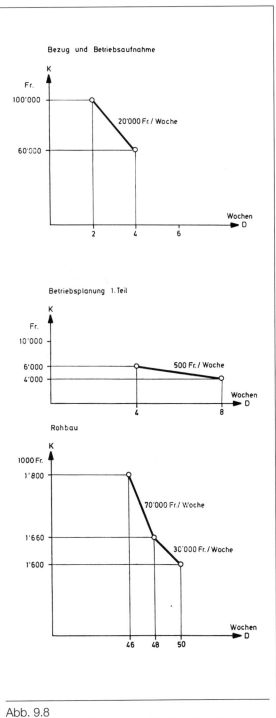

Abb. 9.8
Beschleunigungskosten verschiedener Vorgänge

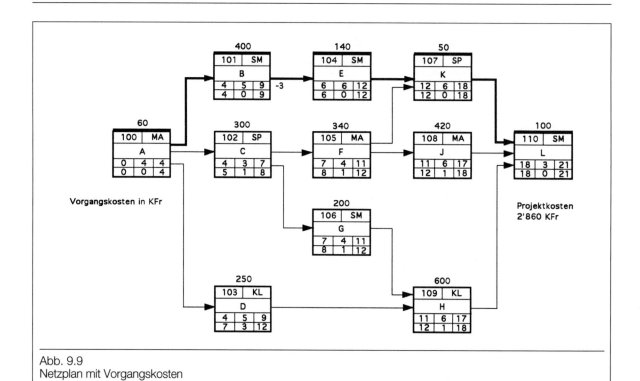

Abb. 9.9
Netzplan mit Vorgangskosten

		Normalbereich			Beschleunigungsbereich				
Vorgangs-nummern	Vorgangs-beschreibung	D norm. (Wochen)	K norm. (KFr.)	Hilfsmittel	D min. (Wochen)	K max. (KFr.)	Hilfsmittel	V (KFr./Woche)	Rang
100	A	4	60		3	90		30	4
101	B	5	400		4	425		25	3
104	E	6	140		4	180		20	2
107	K	6	50		5	60		10	1
110	L	3	100		3	100		--	
102	C	3	300		2	320		20	
105	G	4	340		3	370		30	
106	F	4	200		4	200		--	
108	J	6	420		5	480		60	
109	H	6	600		4	680		40	

Abb. 9.10
Beschleunigungskosten von kritischen Vorgängen

Kostenplanung

Eine Reduktion der Projektdauer kann erreicht werden, indem man einen kritischen Vorgang beschleunigt. Im aufgeführten Beispiel wählt man den Vorgang K, der mit dem kleinsten Steigungsverhältnis im ersten Rang steht. Resultat der Beschleunigung: Durch das Verkürzen von K um eine Woche entstehen 10 KFr. Mehrkosten. Bei einer Projektdauer von 20 Wochen betragen demnach die Projektkosten 2'870 KFr. (Abb. 9.11).

Ein nächster Verkürzungsschritt bedingt, dass auf parallelen kritischen Wegen die gleiche Zahl von Zeiteinheiten eingespart werden kann. Das bedeutet, dass von mehreren Vorgängen Beschleunigungskosten anfallen (z.B. von E (20 KFr.) und C (20 KFr.), als günstigster Lösung der kritischen Wege zwischen A und L).

Bildet sich bei dieser schrittweisen Verkürzung ein Weg, der nur noch aus nicht mehr weiter zu beschleunigenden Vorgängen besteht, so ist die minimale Projektdauer erreicht. Ein Verkürzen anderer Vorgänge führt nur zu Mehrkosten, ohne weiteren Zeitgewinn für das Projekt (Abb. 9.12.).

Die vorgängig dargestellten Überlegungen dienen zur Abklärung der Frage, wieweit man die Projektdauer bei welchen Kostenfolgen verkürzen kann. Um von

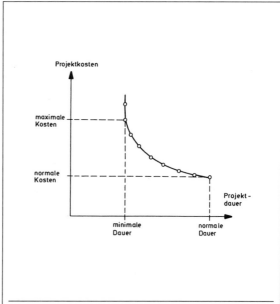

Abb. 9.12
Zunahme der Projektkosten bei Verkürzung der Projektdauer

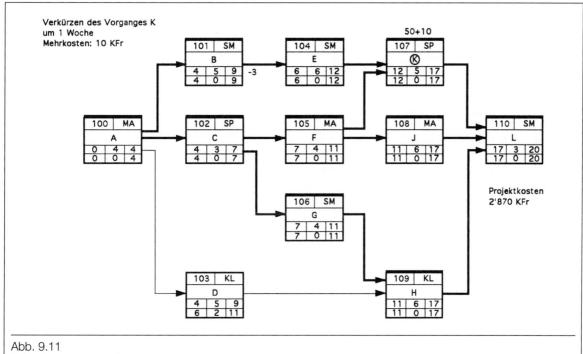

Abb. 9.11
Zeitverkürzung unter Beachtung der Mehrkosten

der wirtschaftlichsten Projektabwicklung abzuweichen, muss ein Grund vorliegen, wie z.B. Vermeiden von Pönalen, Reduzieren der Ausfallkosten u.a.m. In Kap. 9.4.4 wird auf diesen Aspekt näher eingegangen.

9.4.4 Ausfallkosten

Ausfallkosten bewerten einen entgangenen Nutzen bzw. zusätzliche Kosten. Aus der Sicht des Gesamtprojektes können sich Aufwendungen zur Projektbeschleunigung dann lohnen, wenn diesen eine Reduktion des entgangenen Nutzens gegenübersteht. Jeder Tag, den das Projekt länger als seine minimale Dauer benötigt, bringt einen Ertragsausfall (spätere Produktionsaufnahme, spätere Inbetriebnahme neuer Verkehrsanlagen, verzögerte Ladeneröffnung, verzögerte Fertigstellung von Wohnungen u.a.m.). Ausfallkosten können aus Pönalien, Prämien, Bauzinsen (Kapitalkosten), Mietzinsausfällen, entgangenem Gewinn bestehen, welche aus der Nichteinhaltung eines vertraglich vereinbarten Termins entstehen. Ausfallkosten kann man für jeden beliebigen Termin vor Projektfertigstellung ausweisen. Sinnvollerweise berücksichtigt man sie jedoch erst ab der minimalen Projektdauer und gibt ihnen zu diesem Zeitpunkt den Wert Null.

Die gemachten Überlegungen lassen sich allerdings nur für Projekte auf privatwirtschaftlicher Basis quantifizieren bzw. für Projekte, bei denen der Investor für die Beschleunigungskosten mit dem Nutzniesser identisch ist.

So gelten für einen Spitalbau möglicherweise gesundheitstechnische Gründe als Beurteilungskriterien für notwendige Beschleunigungsmassnahmen (volkswirtschaftliche Gesichtspunkte). Für den Autobahnbau tritt die Öffentliche Hand als Investor auf, der Automobilist als Nutzniesser durch Einsparung an Zeit und Fahrkilometern. Die verschiedenen «Kassen» verhindern ein Zusammenführen der Projekt- und Ausfallkosten.

Die Ausfallkosten steigen normalerweise mit zunehmender Projektdauer an. Sie können linear oder nichtlinear verlaufen, sie sind projektabhängig (Abb. 9.13). Für die beteiligten Unternehmer kann die Projektverkürzung auch interessant sein und einen zusätzlichen Einsatz rechtfertigen, dann nämlich, wenn sie zu eigenen Lasten hohe projektbegleitende Kosten haben (z.B. Baustelleninstallationen, Bauleitung usw.).

9.4.5 Optimierung

Die Optimierung von Zeit und Kosten im Projektablauf erfolgt durch die Überlagerung der Funktionen der eigentlichen Projektkosten und der Ausfallkosten.

Gesamtprojektkosten = Projektkosten + Ausfallkosten

Abb. 9.14 zeigt die charakteristischen Punkte der Gesamtkostenkurve, die in der Folge näher erläutert werden:

Minimale Projektdauer
Sie stellt bei grösstem projektbezogenem Mitteleinsatz die kürzeste Dauer des Projektes dar. Diese Abwicklung wird nur angestrebt, wenn wirtschaftliche Überlegungen von sekundärer Bedeutung sind.

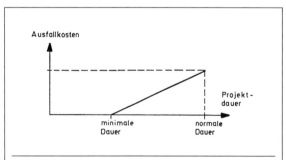

Abb. 9.13
Ausfallkosten ab minimaler Projektdauer

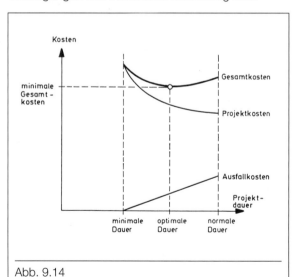

Abb. 9.14
Optimale Projektdauer

Optimale Projektdauer

Sie stellt gesamthaft betrachtet die wirtschaftlich optimale Ausführungsart dar und sollte deshalb angestrebt werden.

Normale Projektdauer

Sie stellt die Ausführungsart mit minimalen Projektkosten dar. Sie ist deshalb die meistangewandte, da bei der Kreditsprechung das Projekt oft isoliert betrachtet wird.

In der Praxis zeigen Anwendungsfälle öfters, dass die Projektkostenkurve, ausgehend von der minimalen Dauer, vorerst relativ flach verläuft. Es ist dies die Zone der «günstigen» Zeitgewinne. Sind demgegenüber die Ausfallkosten erheblich, so tendiert das Optimum recht stark von der üblicherweise gewählten Normaldauer weg. Meist ist die Gesamtkostenkurve um das Optimum relativ flach. Damit könnte man eher von einer Zone sprechen, innerhalb derer die Projektdauer liegen sollte.

9.5 Unterstützung durch die EDV

Die EDV-Programme unterstützen die Berechnung des Projektkostenverlaufes (Abb. 9.15) und dessen Überwachung. Die Zeit-Kostenoptimierung wird am zweckmässigsten im Dialog Mensch - Maschine abgewickelt. Dabei bestimmt der Benützer Art und Umfang der zu verkürzenden Vorgänge und das Programm stellt sofort die neue Situation bezüglich Dauer, Kosten und Kapazitäten dar.
Versuche, diesen Prozess modellartig abzubilden und von der Maschine ausführen zu lassen, wurden bereits in den 60-er Jahren gemacht. Bis heute konnten noch keine befriedigenden Lösungen verfügbar gemacht werden.

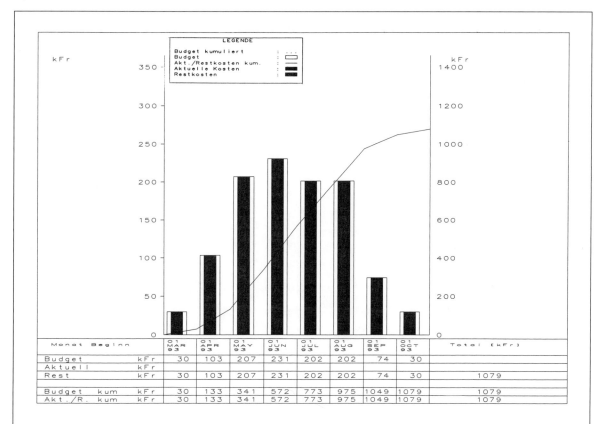

Abb. 9.15
Projektkosten pro Zeitfenster und kumulativ

10 Planungssysteme

10.1 Zielsetzung und Aufbau

Das Planungssystem soll, abgestimmt auf die Projektorganisation, alle Projektparameter im richtigen Feinheitsgrad beinhalten.
Um den Beteiligten innerhalb der Projektorganisation die Informationen gemäss ihren Fragestellungen zukommen zu lassen, drängt sich ein stufenweiser Aufbau auf. Auf jeder Stufe des Planungssystems sollen die die Informationsverbraucher interessierenden Fragen bezüglich dem zeitlichen Ablauf und wichtigen Terminen (Meilensteinen), der kapazitiven und kostenmässigen Belastung sowie der Verantwortungsbereiche beantwortet werden. Je nach der Grösse und Komplexität benötigt man ein zwei- bis vierstufiges Planungssystem. Generell tendiert man, mit möglichst wenig Stufen auszukommen. In jedem Falle ist sicherzustellen, dass die Informationen pro Stufe verbrauchergerecht gegliedert sind.

Meilensteinplan (Stufe 0)

Im Meilensteinplan werden die allerwichtigsten Ereignisse im gesamten Projektablauf im Zeitraster aufgeführt. Mit 8-20 Meilensteinen werden selbst grosse Projekte übersichtlich dargestellt. Der Meilensteinplan bringt die Gesamtübersicht für übergeordnete Instanzen. Für umfangreiche Programme, die allenfalls aus mehreren Projekten bestehen, werden durch die Meilensteinpläne die wesentlichen Gesamtzusammenhänge gut zum Ausdruck gebracht.

Übersichtsplan (Stufe 1)

Der Übersichtsplan deckt in terminlicher Hinsicht das gesamte Projekt ab. Er umfasst alle Phasen des Projektes: Bedürfnisermittlung, Planung, Projektierung, Bauvorbereitung, Bauausführung und Inbetriebnahme. Der Übersichtsplan enthält die wichtigen Vorgänge dieser Phasen und eventuell ihre Abhängigkeiten in grober Form. Der Plan besteht aus Sammelvorgängen, die aus dem Koordinationsplan durch Aggregation entstehen. Der Übersichtsplan ist die Informationsgrundlage für die Entscheidungsträger der Bauherrschaft.

Koordinationsplan (Stufe 2)

Der Koordinationsplan weist einen wesentlich grösseren Detaillierungsgrad auf. Er dient der Projektleitung bzw. den Objektleitern als Koordinations-, Steuerungs- und Führungshilfsmittel. Der Koordinationsplan deckt alle Phasen des Projektes ab. Die nähere Zukunft wird relativ detailliert dargestellt, gemäss Verfügbarkeit der vorhandenen Informationen, währenddem die folgenden Phasen eher dem Feinheitsgrad der Stufe 1 entsprechen. Bei grösseren Projekten kann es sich als zweckmässig erweisen, den Koordinationsplan allenfalls objektweise in mehrere Pläne aufzugliedern. Wichtig ist dabei, dass die Beziehungen der Objekte untereinander klar aufgezeigt werden.

Detailplan (Stufe 3)

Die Detailpläne weisen den grössten Detaillierungsgrad auf. Der Feinheitsgrad soll nur so weit getrieben werden, als dies für die operativen Stellen unbedingt nötig ist. Geht man zu weit, so besteht die Gefahr, dass die für die Ausführung verantwortlichen Stellen in ihrer Bewegungsfreiheit zu stark eingeschränkt werden. Auch von der Aufwandseite her ist es nicht sinnvoll, die Verfeinerung zu weit zu treiben. Der Aufwand-Nutzen-Effekt sollte optimal sein. Der erfolgversprechendste Weg geht vom Groben ins Feine, man detailliert nur so weit, als es sich zweckmässig zur Steuerung und Überwachung erweist.
Abb. 10.1 zeigt den Aufbau eines Planungssystems. Die Detaillierung nimmt von Stufe 1 bis 3 zu: Stufe 1 und 2 beinhalten das gesamte Projekt, währenddem Stufe 3 Ausschnitte in wesentlich detaillierterer Form enthält. Als Richtwerte für den Feinheitsgrad der Pläne kann man folgendes festhalten:

Stufe 1
Der Übersichtsplan enthält das gesamte Projekt (alle Phasen) in Form eines Balkendiagrammes oder eines zeitmassstäblichen Netzplanes.

Stufe 2
Der Koordinationsplan enthält ca 5 bis 10 mal mehr Teilarbeiten als derjenige der Stufe 1. Er umfasst das gesamte Projekt, wobei die nächste Zukunft relativ detailliert dargestellt wird, währenddem die weiterentfernten Planungszeiträume ungefähr den Feinheitsgrad der Stufe 1 aufweisen, je nach Verfügbarkeit der Informationen.

Stufe 3
Der Detailplan enthält 5 bis 20 mal mehr Teilarbeiten als der entsprechende Ausschnitt der Stufe 2. Er umfasst meist den Verantwortungsbereich eines Leistungsträgers für das Objekt oder Teilobjekt.

Eine Frage, die sich immer wieder stellt, betrifft das Vorgehen beim Aufbau eines Planungssystems. Unter Berücksichtigung der Empfehlung, dass möglichst früh mit der Planung begonnen werden soll, wird man meist in der Lage sein, den Ablauf der vorhandenen Projektidee in einem Richtnetzplan festzuhalten. Dieser liegt meist im Feinheitsgrad zwischen Stufe 1 und 2. Durch ständiges Verbessern kommt man zum Koordinationsnetzplan (Stufe 2) und durch dessen Kondensierung zum Übersichtsplan (Stufe 1).

Der Koordinationsnetzplan liefert in einer ersten Phase den Rahmen für die Projektierungs-, Liefer- und Ausführungsprogramme (Stufe 3). Nach Vorliegen der überprüften Ausführungsprogramme bilden sie die Basis für die 2stufige Integration (Stufen 3-2-1). Abb. 10.2 zeigt schematisch die Entwicklung.

10.2 Anwendungen

Zur Erläuterung und Illustration werden zwei Planungssysteme aus der Praxis dargestellt.

Grosse Wohnüberbauung mit Normtypen

Das Planungssystem (Abb. 10.3) für dieses Wohnbauprojekt gliedert sich in zwei Stufen. Der Koordinationsplan dient als Steuerungsinstrument der Planung, der Bewilligungsabläufe und der Ausführung. Das hohe Engagement des Bauherrn und die von ihm ge-

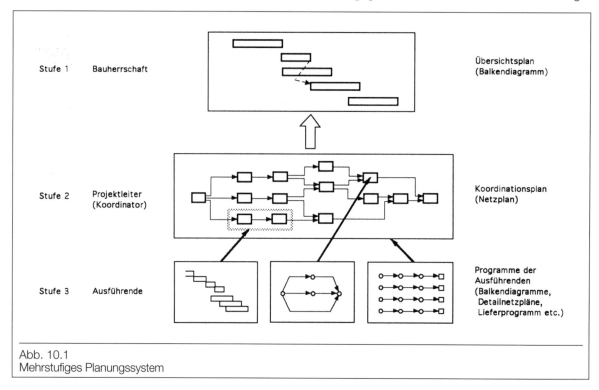

Abb. 10.1
Mehrstufiges Planungssystem

Planungssysteme

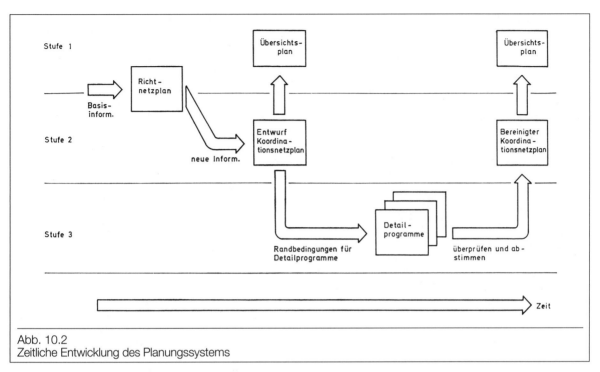

Abb. 10.2
Zeitliche Entwicklung des Planungssystems

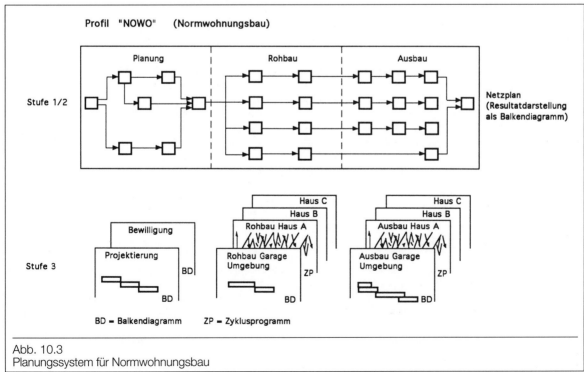

Abb. 10.3
Planungssystem für Normwohnungsbau

forderten Informationen führen dazu, dass er sich auf denselben Plan abstützt, wie der Projektleiter.
Die Detailpläne beinhalten die Programme der beteiligten Unternehmungen. Da diese Überbauung mit Normtypen realisiert wird, stehen bereits zu Beginn der Bauvorbereitungsphase recht detaillierte und in der Praxis erhärtete Informationen für die Ausführungsphase zur Verfügung. Im Beispiel können deshalb aussagekräftige Detailpläne, ergänzt mit Studien einzelner Problemkreise, aus dem vorhandenen Material bereits sehr früh erarbeitet werden. Sie stehen damit in der Submissions- und Vergebungsphase zur Verfügung und bilden zum Teil Bestandteil der Werkverträge der beteiligten Unternehmungen.
Da bei Normbauten stark repetitive Abläufe zum Tragen kommen, bietet sich das Zyklusprogramm neben dem Balkendiagramm als Instrument der detaillierten Planung an.
Für die Gliederung der Detailpläne sind die einzelnen Objekte (Häuser) massgebend. Die ergänzenden Projektteile (Garage, Umgebung u.a.m.) sind mit Balkendiagrammen erfasst.

Molkereibetrieb

Bei der Grösse und Komplexität dieses Projektes, bei dem es um die Planung, Ausführung und Inbetriebnahme einer Produktionsstätte für Milchprodukte geht, erscheint es angebracht, das Planungssystem in 3 Stufen zu gliedern (Abb. 10.4/10.5). In diesem Fall wird Stufe 1 als Richtplan benutzt. In zwei Schritten wird der Koordinationsplan (Stufe 2) entwickelt, vorerst für die Phase der Planung, nach Vorliegen von genügend Informationen auch für die Ausführung und Inbetriebsetzung.
Diese Art des Vorgehens und der Aufteilung drängt sich vor allem deshalb auf, weil beim ersten Erarbeiten des Ablaufes nur grobe Informationen für den Gesamtablauf und detailliertere Angaben für die Planungsphase vorliegen.

10.3 Darstellungsfragen

Je nach Art des Projektes wird man die zweckmässigsten Planungshilfsmittel einsetzen, die beim Aufbau eines Planungssystems nicht unbedingt homogen sein müssen. Eine vergleichende Übersicht der verschiedenen Planungstechniken gibt Abb. 10.6.
Das Balkendiagramm zeigt den Projekt- bzw. Teilprojektablauf in eindimensionaler Form. Es ist eine einfache, zeitmassstabgetreue Darstellung, aus der Anfang und Ende der Teilarbeiten abgelesen werden können. Die Bedarfsermittlung an Kapazitäten und Kosten lassen sich gut daraus ableiten.
Das Liniendiagramm und Zyklenprogramm (Zeit/Weg-, Zeit/Mengen-Diagramm) sind zweidimensionale massstäbliche Darstellungen von Teilarbeiten. Die erbrachten Produktionsmengen und die benötigte Zeit können einfach abgelesen werden, da der Stand laufend örtlich und zeitlich festgehalten wird.
Der Netzplan ist eine eindimensionale, massstablose Darstellung, aus der die Produktionsmenge und die Dauer der Vorgänge nicht mehr als Graphik hervorgehen. Dafür sind alle Abhängigkeiten der Vorgänge eindeutig wiedergegeben. Um die Abhängigkeiten aufzuzeigen, besteht ein Zwang zum exakten Studium des Projektablaufes; das zeitliche Quantifizieren ergibt gute Aussagen über die Prioritäten (kritischer Weg/Pufferzeiten).
Im Balkendiagramm und im Netzplan können Störungen bei einer Vorgangsabwicklung nur geschätzt bzw. erst am Ende eindeutig quantifiziert werden. Für das Balkendiagramm ist damit die Aussagefähigkeit erschöpft, im Netzplan können alle Folgen der Störung auf den verbleibenden Projektablauf ermittelt werden.

Die Anwendungsgebiete der Methoden können wie folgt abgegrenzt werden:
• Das Balkendiagramm ist dann zweckmässig, wenn eine Anzahl von gut überblickbaren Vorgängen, deren Folge nicht zwingend ist oder die sich stark überlappen, zu planen ist. Ebenfalls ist es für die Resultatdarstellung von Netzplanberechnungen sehr geeignet.
• Das Linien-(Zyklen-)Diagramm eignet sich als Hilfsmittel für die Planung und Überwachung von Fliessprozessen, also von Projektteilen, deren Vorgänge sich in der Regel bei gleichbleibender Produktionsgeschwindigkeit über den ganzen Projektablauf erstrecken.
• Der Netzplan dient vor allem der Koordination, Planung und Überwachung von Projekten, die sich aus einer grösseren Vorgangszahl von unterschiedlicher Art und Dauer zusammensetzen.
Beim Aufbau eines Planungssystems geht es nun darum, die richtigen Elemente (Planungstechniken) zusammenzustellen. Die folgenden Kriterien dienen zur Auswahl der geeigneten Methode:
• Umfang des Projektes (z.B. Franken),
• Art des Projektes bzw. der Ausführung (z.B. Linienbaustelle),
• Zielsetzung des Projektes (z.B. Termine),
• Projektphase (Planung, Ausführung, Lieferungen),
• Komplexität (Ablaufstruktur),

Planungssysteme

	Benützer	Ziel	Form	Anwendung
Stufe 1	Bauherr	Generelle Festlegung der Ziele (Termine)	• Netzplan evtl. Balkendiagramm Feinheitsgrad ~ Monate	generelle Terminübersicht
		Budgetierung (Investitionsrechnung)	• Kostenkurve	Grundlage für die Kostenverfolgung
			• Grobübersicht Belastungen	Grobkoordination
Stufe 2	Projektleiter Sachbearbeiter	detaillierte Festlegung der Termine von Koordinationspunkten	• Netzplan Feinheitsgrad ~ Wochen	detaillierte Terminübersicht, Grundlage für Terminverfolgung und Koordination (feinste Gesamtstufe)
Stufe 3	Unternehmer	Arbeitsvorbereitung und Kapazitätsplanung der Unternehmer	• Balkendiagramm, ergänzt durch Detailskizzen, etc. (evtl. Netzplan) Feinheitsgrad ~ Wochen / Tage	spezielle Terminübersicht, für den einzelnen Unternehmer
			• Belastungsübersicht (AVOR)	Kapazitätsplanung Unternehmer

Abb. 10.4
Beschreibung der einzelnen Stufen und Parameter

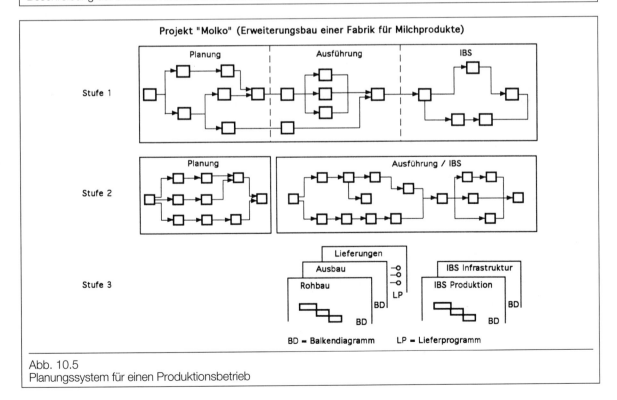

Abb. 10.5
Planungssystem für einen Produktionsbetrieb

- zu berücksichtigende Parameter (Zeit, Kapazitäten, Kosten),
- Informationsfluss (wer braucht welche Informationen in welcher Dichte und Form),
- Standardisierungszwang (Mehrprojektplanung).

Steht die Mehrprojektplanung im Vordergrund (z.B. für den Maschineneinsatz einer Unternehmung), wird das Schwergewicht auf der gleichartigen Erfassung und Darstellung des Projektablaufes liegen. Dabei sind vor allem die Koordinationspunkte zwischen den einzelnen Ablaufplänen, und innerhalb derselben diejenigen Vorgänge, die die zuverlässige Planung und Überwachung des Projektablaufes von Koordinationspunkt zu Koordinationspunkt ermöglichen, zu beachten.

10.4 Standard-Ablaufpläne

Standard-Ablaufpläne eignen sich für Arbeiten, die in gleicher oder ähnlicher Form immer wieder auftreten. Ihr Einsatz ist zweckmässig, wenn sie sich für ähnliche Projekte mit geringfügigen Modifikationen verwenden lassen. Bei Programmen, die aus einer Anzahl ähnlicher Projekte bestehen, ist zusammen mit dem Aufbau des Planungssystems der Einsatz von Standard-Ablaufplänen zu überprüfen. Eine gewisse Standardisierung wird bei Programmen unumgänglich sein, damit sich die verschiedenen projektbezogenen Pläne derselben Stufe miteinander vergleichen lassen. Planungsabläufe, die nach bestimmten rechtlichen und administrativen Verfahren durchgeführt werden

Charakteristiken + gut O mittel − schlecht			Planungsmethode				
			Balkendiagramm	Liniendiagramm	Zyklusprogramm	Netzplan	Netzplan ZM (Zeitmassstab)
Zwang zum exakten Studium des Projektablaufes			O	O	+	+	
Überlegungen für alle Beteiligten sichtbar			−	O	O	+	+
Prioritäten sichtbar			−	−	−	+	+
Kapazitäten	Bedarfsermittlung		+	O	O	O	+
	Optimierung		−	O	+	+	
Kosten	Bedarfsermittlung		+	O		O	+
	Optimierung		−	−		+	
Lesbarkeit			+	O	O	−	+
Eignung für	einfache (Teil-) Projekte		+				
	Linienbaustellen				+		
	Projekte mit gleichen Teilen				+		
	kompliziertere Projekte					+	
	Überwachung		+	+	O	−	+

Abb. 10.6
Stärken - Schwächen - Diagramm der Planungsmethoden

müssen, eignen sich sehr gut für eine Standardisierung. Eine solche Standardisierung bringt meist einen echten Rationalisierungseffekt mit sich. Bei der Einführung neuer Mitarbeiter sind Standardabläufe, allenfalls noch ergänzt mit Checklisten, eine ausgezeichnete Arbeitshilfe für die Erfahrungsübertragung.

Diese Standardabläufe bilden auch für die Budgetierung, Belastungsplanung u.a.m. in der Mehrprojektplanung die Basis für vergleichbare Resultatdarstellungen.

Bauwerke sind meist Einzelanfertigungen. Daraus schliessen die an der Ablaufplanung Beteiligten, dass auch die zu erstellenden Pläne immer von Grund auf neu zu erarbeiten sind. Dabei stellt man beim Analysieren von Ablaufplänen fest, dass mindestens Teile von Projekten gleichen Typs sehr ähnliche Vorgänge aufweisen. Und für diese kann das Verwenden eines Standard(teil)planes als Ausgangslage zweckmässig und effizient sein.

10.5 Phasenpläne

Bei Erweiterungsbauten (Industrieprojekte, Verkehrsprojekte u.a.m.) ist man oft darauf angewiesen, zu bestimmten charakteristischen Zeitpunkten den Stand des Projektes auszuweisen. Phasenpläne sind Projektpläne, in welchen der Stand der Arbeiten zu bestimmten Zeitpunkten eindeutig ausgewiesen wird. Die Phasenpläne sind ein sehr wertvolles Hilfsmittel für die für den Betrieb und Bau verantwortlichen Stellen. Basierend auf den Phasenplänen kann nochmals genau überprüft werden, ob der vorgeschlagene Projektablauf realistisch ist. Insbesondere können hier die Wechselwirkungen zwischen Bau und aufrecht zu erhaltendem Betrieb sehr gut überprüft werden. Phasenpläne dienen zur Abklärung, ob die baulichen Eingriffe noch einen Betrieb zulassen und mit welchen betrieblichen und baulichen Erschwernissen zu rechnen ist wie z.B. Verkehrs- und Betriebseinschränkungen.

Die Praxis zeigt, dass Phasenpläne für Erweiterungs- oder Umbauten, wo der Betrieb nach wie vor aufrechterhalten werden muss, ein passendes Hilfsmittel darstellen (Abb. 10.7). Phasenpläne lassen sich sehr gut lesen, Missverständnisse können weitgehend ausgeschlossen werden.

10.6 Unterstützung durch die EDV

Im Bereich der Planungssysteme ist die EDV vor allem für den Koordinationsnetzplan und dessen Verdichtung zum Übersichtsplan ein leistungsfähiges Hilfsmittel (Abb. 10.8). Auch lassen sich Vorgänge als Detailnetze weiter aufgliedern.

Ebenfalls wirksame Unterstützung liefert die EDV durch die Möglichkeit, beliebige Standardpläne abzuspeichern und als Ausgangsbasis für neue Projekte oder Teile davon zur Verfügung zu stellen.

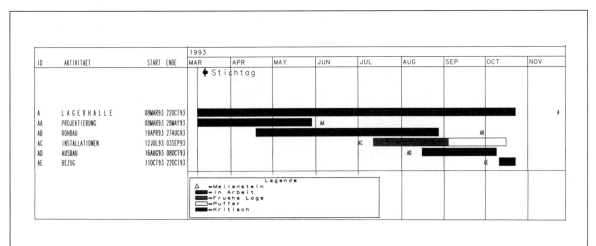

Abb. 10.8
Verdichtung des Terminplanes aus Abb. 6.74

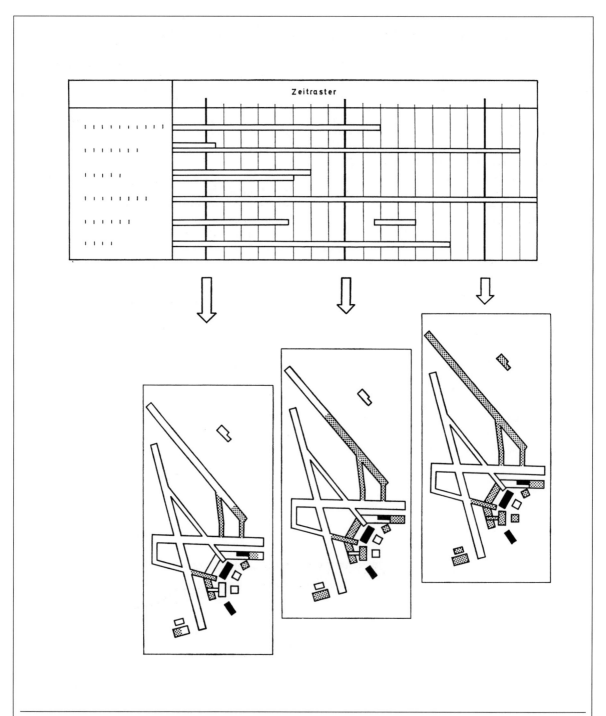

Abb. 10.7
Phasenpläne zu Schlüsselzeitpunkten

11 Überwachung und Steuerung

11.1 Vorgehen

Mit Hilfe der in den vorangegangenen Kapiteln beschriebenen Ablaufplanung sollen die gesteckten Ziele optimal erreicht werden. Dazu ist sie möglichst früh, d.h. in der Planungsphase, zu erstellen, um ein Maximum an Dispositionszeitraum auszuschöpfen. Unmittelbar nach Vorliegen erster Ablaufpläne hat deren Überwachung einzusetzen. Diese Tätigkeit erfolgt im Rahmen einer Gesamtprojektüberwachung (Abb. 11.1), die die Parameter Leistung/Qualität, Termine und Kosten umfasst. Ziel der Überwachung ist es, laufend aufzuzeigen, ob das Einhalten von Zwischenzielen bzw. der Projektziele sichergestellt ist. Bei Abweichungen sind Massnahmen zu überlegen und die zweckmässigsten in die Tat umzusetzen. Für das in solchen Fällen notwendige Durchspielen von Alternativen liefern einige EDV-Programme wertvolle Unterstützung. Dieses Vorgehen entspricht einem Regel-

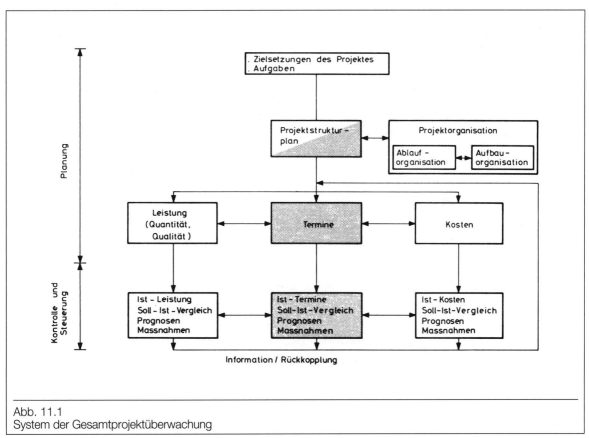

Abb. 11.1
System der Gesamtprojektüberwachung

kreis (Abb. 11.2). Festzulegen ist, in welchem Rhythmus die Überwachung stattfinden soll, je nach Phase kann dieser auch wechseln. Nochmals sei darauf hingewiesen, dass die Überwachung für die verschiedenen Parameter (Leistung, Termine, Kosten) abgestimmt zu erfolgen hat, da sie sich gegenseitig wesentlich beeinflussen. Die wirtschaftliche Durchführung der Projektüberwachung bedingt eine gewisse Formalisierung. Je grösser und komplexer ein Projekt ist, desto mehr Richtlinien sind für den Überwachungsprozess nötig. Die Richtlinien sind für die Art der Soll/Ist-Vergleiche, die Berichtszeiträume und -punkte sowie die Informationsart (z.B. Formulare) eindeutig festzulegen. Diese Unterlagen sind vom Projektleiter oder seinem Stab auszuarbeiten.

Das anzuwendende Überwachungsverfahren ist projektbezogen festzulegen, wobei, durch den repetitiven Charakter bedingt, speziell auf den ausgelösten Aufwand zu achten ist. Generell erfolgt die Überwachung in vier Phasen:

1. Phase: Informationsbeschaffung
Bei den am aktuellen Projektgeschehen beteiligten Stellen wird der Stand und die Prognose für das Ende der laufenden Arbeiten gesprächsweise oder auf dem Schriftweg (z.B. Nachführungsprotokoll) erhoben. Bei Abweichungen sind Massnahmenvorschläge einzureichen.

2. Phase: Entscheidungsvorbereitung
Die Massnahmenvorschläge werden hinsichtlich ihrer Auswirkungen auf weitere beteiligte Stellen und auf ihr Aufwand/Nutzen-Verhältnis überprüft.

3. Phase: Entscheidung
Meist im Rahmen einer Koordinationssitzung werden die Massnahmen vorgeschlagen, beurteilt, koordiniert, ergänzt und entsprechende Beschlüsse gefasst. Diese werden ins Beschlussprotokoll aufgenommen.

4. Phase: Informationsverteilung
Das Beschlussprotokoll und allfällige ergänzende Weisungen betreffend durchzuführender Massnahmen sind rasch (innerhalb dreier Tage) auszufertigen und allen interessierten Stellen zuzustellen. Die rasche Zustellung ist vor allem für diejenigen Beteiligten wichtig, die nicht an der Koordinationssitzung teilnahmen.

Diese vier Phasen können bei kleineren Projekten mit einer beschränkten Zahl Beteiligter im Rahmen der

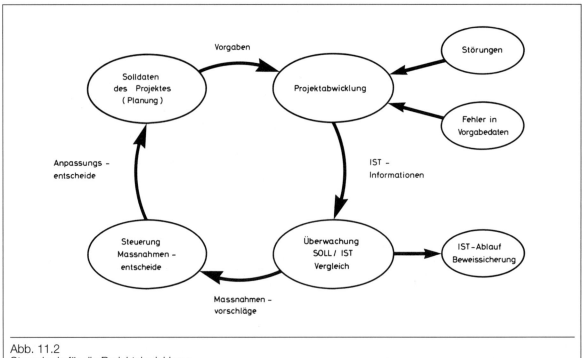

Abb. 11.2
Steuerkreis für die Projektabwicklung

Koordinationssitzung zusammenfallen. Bei grösseren, komplizierteren und stärker dezentralisierten Projekten kann die Abwicklung derselben mehrere Tage in Anspruch nehmen.

11.2 Information

11.2.1 Informationsbedarf

Für den Aufbau und vor allem für das Betreiben eines Planungssystems benötigen die am Projekt Beteiligten (speziell die Projektleitung) viele, zeitgerecht bereitzustellende Informationen. Die Projektorganisation zeigt die Projektbeteiligten und deren Zusammenspiel auf. Daraus lassen sich auch die Informationsbedürfnisse und Informationswege für die Aufgabenstellung «Projektüberwachung und Steuerung» ableiten. Ein zielgerichteter, rascher Informationsfluss ist eine unabdingbare Voraussetzung zur erfolgreichen Projektabwicklung. Diese Forderung setzt neben einigen organisatorischen Massnahmen Disziplin und ein faires Verhalten der Beteiligten voraus. Zu den organisatorischen Massnahmen gehören vor allem der richtige Einsatz der angepassten Informationsträger sowie die möglichst weitgehende Nutzung bestehender Informationswege und Organe für den ausgelösten Informationsfluss.

11.2.2 Informationsmittel

Es gibt eine ganze Zahl von Informationsmitteln. Es ist Aufgabe der Projektleitung, Art und Einsatz so zu bestimmen, das ein gutes Aufwand/Nutzen-Verhältnis entsteht.

Ablaufpläne
Speziell für die Terminplanung nehmen die Ablaufpläne, in denen Sollvorgaben sowie der erreichte Stand eingezeichnet werden können, die zentrale Stellung für die Information ein. Um den Inhalt rasch und sicher zu erfassen, ist auf eine übersichtliche, leicht fassliche Darstellung zu achten. Damit wird gewährleistet, dass ausser den Erstellern, d.h. den Planungsfachleuten, auch die Informationsverbraucher (Beauftragte, Entscheidungsträger) vom Informationsinhalt Gebrauch machen.

Besprechungen
Besprechungen und Sitzungen sind ein zweckmässiges Mittel zum Informationsaustausch. Es ist dabei speziell darauf zu achten, dass die behandelten Punkte und der Teilnehmerkreis übereinstimmen.
Für die Überwachung ist in den meisten Projekten die Koordinationssitzung das Schlüsselelement. Sie findet regelmässig unter der Leitung des Projektleiters statt. Die Koordinationssitzung hat folgende Zielsetzung:
- Entscheide treffen
- Abstimmung des Vorgehens
- Auswertung und Koordination der Detailbesprechungen
- Massnahmen festlegen
- Probleme diskutieren und zur Entscheidungsvorbereitung zuweisen.

Daraus leiten sich etwa die folgenden Traktanden für die Koordinationssitzung ab:
- Vergleich der geplanten und effektiven Leistungen für die einzelnen Teilarbeiten (Quantität und Qualität)
- Vergleich des geplanten und effektiven Einsatzes der Hilfsmittel
- Vergleich der geplanten und effektiven Termine für die einzelnen Teilarbeiten
- Vergleich der geplanten und effektiv aufgelaufenen Kosten
- Soll/Ist-Vergleich für Leistungen, Hilfsmittel, Termine und Kosten für den ganzen ausgeführten Projektteil
- Kurze Begründung für allfällige Abweichungen
- Massnahmenplanung bei auftretenden Abweichungen, nach Prioritäten geordnet
- Veranlassen korrektiver Massnahmen durch Projektleiter
- Prognose hinsichtlich des Einhaltens des Projektendtermins und der Projektkosten.

Die umfassende Traktandenliste erlaubt den Parameter Zeit im Gesamtrahmen zu beurteilen.

Protokolle
Wichtige Punkte von Besprechungen bzw. spezielle Vorkommnisse werden in Protokollen festgehalten. Dabei sollen nach Möglichkeit Vordrucke verwendet werden. Diese helfen, dass die Informationen in gleicher, übersichtlicher Form dargestellt werden. Abb. 11.3 zeigen speziell auf die Nachführung des Projektstandes ausgelegte Protokollrahmen.

Berichte
In den meisten Projekten werden Entscheidungsanträge mit Berichten unterlegt. Auch die periodische Orientierung des Bauherrn erfolgt oft in Berichtform (Standbericht). Bei deren Abfassung ist auf eine klare, möglichst kurze Darstellung zu achten. Soweit mög-

NACHFÜHRUNGSPROTOKOLL NR.				NACHFÜHRUNGSTERMIN		
Gegenstand	Soll-Termin	Prognose-Termin	Abweichung in Mt.	Massnahmen	verantworlich	Termin

Abb. 11.3
Protokollrahmen für die Projektnachführung

lich sind Graphiken, die bei hohem Informationsgehalt einen raschen Überblick sicherstellen, zu verwenden (z.B. nachgeführter Übersichtsplan).

Augenschein
In vielen Situationen der Projektabwicklung ist die Besichtigung der laufenden Vorgänge vor Ort die beste Informationsbeschaffung, um ein realistisches Bild der Situation zu erhalten.

Technische Mittel
Speziell für die Informationsübermittlung gewinnen die technischen Mittel stark an Bedeutung. Sie helfen vor allem bei stark dezentralisierten (z.B. internationalen) Projekten, den raschen Informationsaustausch sicherzustellen. Erwähnt seien: Telephon, Telex, Telefax, elektronische Post, Datenübermittlung zwischen EDV-Systemen, Daten auf Disketten, u.a.m. Auch hier ist es Aufgabe des Projektleiters, aus der bestehenden Vielfalt die wirtschaftlichste Lösung zu wählen.

11.3 Terminüberwachung

11.3.1 Grundlagen

Die Voraussetzung für eine wirksame Terminüberwachung sind realistische, der Art des Projektablaufes gerecht werdende Terminpläne. Dabei sei noch einmal darauf hingewiesen, dass beim Aufbau der Terminplanung die Zusammenhänge mit den weiteren Projektparametern (Leistungsumfang, vorgesehene Kapazitäten, Kosten) in genügendem Umfang zu berücksichtigen sind. Die dabei getroffenen Annahmen sollten nachvollziehbar verfügbar sein (Abb. 2.7). Sie dienen dazu, bei Terminabweichungen (Symptom) der Ursache nachzugehen und die Massnahmen am richtigen Ort einzuleiten.
Ein weiterer Punkt, der für die Überwachung entscheidend ist, ist die Nachvollziehbarkeit der in der Planung gewählten Vorgänge. Dazu gehört, dass die Vorgangsenden klar definierte Zustände darstellen und bei längeren Vorgängen der Ablauf so transparent ist (z.B. linearer Verlauf), dass beim Erheben eines Zwischenstandes keine grossen Unsicherheiten auftreten.
Unabhängig von der eingesetzten Planungstechnik sind für die Überwachung der Vorgänge von den dafür Verantwortlichen folgende Informationen zu liefern:
- Stand der laufenden Arbeiten
- Prognose für deren Fertigstellung.

Während üblicherweise der Stand der Arbeiten erhoben wird, ist das Vorausschauen vielfach noch ungewohnt und wird daher nicht gemacht. Das Überprüfen der nächsten Zukunft, basierend auf den unmittelbar gemachten Erfahrungen, hilft aber, vorbereitet in sich abzeichnende Probleme zu steigen. Das Ziel ist, agieren zu können und nicht reagieren zu müssen. Ausgehend von den Prognosen der laufenden Vorgänge kann eine Prognose für die gesamte, verbleibende Projektabwicklung gegeben werden.

Die Überwachung der Termine kann auf zwei Arten erfolgen:
- laufendes Nachführen der Terminunterlagen,
- periodisches Nachführen der Terminunterlagen.

Beim laufenden Nachführen der Terminunterlagen werden der Beginn und das Ende der Vorgänge unmittelbar nach dessen Eintreten dem Projektleiter gemeldet. Abzuklären ist, ob dies für Vorgänge mit einer längeren Dauer genügt, oder ob Zwischenmeldungen zu liefern sind. Diese Nachführungsart ist eher die Ausnahme, sie wird vor allem auf kritische Projektteile, die eng begleitet werden müssen, angewandt. Bei der periodischen Nachführung der Terminunterlagen werden zu bestimmten Zeitpunkten bzw. in einem vorgegebenen Rhythmus Informationen über Fortschritt und Endprognose der sich in Arbeit befindlichen Vorgänge erhoben und festgehalten. Diese Art der Nachführung steht bei den meisten Projekten im Vordergrund. Die Periode hängt von der Dauer des Projektes bzw. Projektteiles, dessen Komplexität, der Projektphase und der Planungsstufe ab. Sie liegt zwischen einer Woche und einem Monat.

11.3.2 Darstellung des Projektstandes in den Terminplänen

Tabellen
Falls nur Anfang und Ende der Vorgänge überwacht werden, können die Vorgaben auch tabellarisch dargestellt werden. Es handelt sich dabei meistens um Computerausdrucke, die z.B. für die Berichtsperiode erstellt werden. Ergänzt wird die Liste mit den effektiven Anfangs- und Endterminen der Vorgänge. Tabellenartige Terminvergleiche können sich aber auch aus Protokollen ergeben.

Balkendiagramme
Die Art der Darstellung des Fortschritts ist für das Balkendiagramm in Kap. 3.3 umschrieben. Dabei kann es sich um direkt erstellte Balkendiagramme oder um die Resultatsdarstellung einer Netzplanauswertung (Abb. 6.74) handeln. Im letzteren Fall können nur die Vorgangsbalken oder zusätzlich die vorhandene Pufferzeit gezeigt werden.

Liniendiagramme
Mit Hilfe des Liniendiagramms kann die Überwachung in sehr anschaulicher, graphischer Form vorgenommen werden. Das Verfahren ist in Kap. 4.3 umschrieben.

Zyklusprogramm
Das Zyklusprogramm wird im Prinzip gleich nachgeführt wie das Liniendiagramm. Wird eine grössere Zahl von Arbeiten geplant, kann das Eintragen des effektiven Ablaufes unübersichtlich werden. Die Überwachung im Zyklusprogramm ist speziell in den ersten Zyklen sorgfältig durchzuführen, da sich die Leistungen durch den Lernprozess der Beteiligten noch verändern können und dies für die endgültige Prozessoptimierung zu berücksichtigen ist.

Netzplan
Wie bereits erwähnt, eignet sich der Netzplan höchstens für den Planer zum praktischen Gebrauch. In diesem Fall können die Informationen der Terminüberwachung direkt im Netzplan nachgetragen werden.
Im Vorgangspfeil-Netzplan werden die angefangenen Vorgänge gemäss ihrem prozentualen Fortschritt als Pfeilanteil markiert. Der erhobene Ist-Zustand ist mit dem entsprechenden Soll-Zustand, der durch die Datumslinie der Bestandesaufnahme gekennzeichnet ist, zu vergleichen. Zur Verbesserung der Lesbarkeit kann pro Berichtsperiode die Eintragung in einer anderen Farbe vorgenommen werden. Zusätzlich sind für die laufenden Vorgänge die Prognosen für deren Beendigung anzugeben (Abb. 11.4). Deren Vergleich mit den Vorgaben wird dann mühsam, wenn diese nicht im Netzplan direkt eingetragen sind.
Im Vorgangsknoten-Netzplan lassen sich die laufenden Vorgänge eher noch schwieriger darstellen. Im wesentlichen beschränkt sich die Aussage darauf, ob der Vorgang begonnen hat, d.h. in Arbeit ist, oder ob er bereits abgeschlossen ist. Bei Verwendung des Vorgangsknoten-Netzplanes ist die Resultatdarstellung als Balkendiagramm oder zeitmassstäblicher Netzplan als Basis für die Nachführung in den meisten Fällen zwingend.

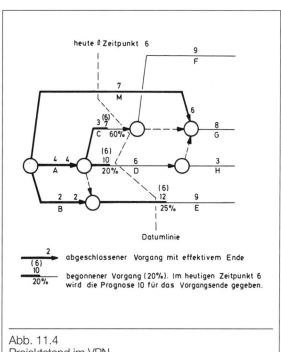

Abb. 11.4
Projektstand im VPN

Zeitmassstäblicher Netzplan

Wesentlich übersichtlicher wird die Darstellung des Projektstandes im zeitmassstäblichen Netzplan (Kap. 6.3.5.3). Die Praxis hat gezeigt, dass diese verbesserte Lesbarkeit im Bauwesen sehr erwünscht ist, sollen doch alle, die mit Terminfragen zu tun haben, sich an der gleichen Informationsquelle orientieren können. Dies trägt wesentlich zur Konsensfindung und zum Ausrichten der Kräfte der Beteiligten bei. Die zeitmassstäbliche Darstellung kombiniert das bekannte, leicht verständliche Balkendiagramm mit den weiteren Informationen aus dem Netzplan, nämlich den Zusammenhängen der Vorgänge und deren Dringlichkeit (kritisch, Pufferzeit). Der zeitmassstäbliche Netzplan wird analog dem Balkendiagramm nachgeführt, d.h. es bestehen die beiden bereits in Kap. 3.3 dargestellten Möglichkeiten.

11.3.3 Kapazitätsüberwachung

Die Kapazitätsüberwachung hat sicherzustellen, dass die passenden Hilfsmittel in der zur Einhaltung des Terminplanes erforderlichen Quantität durch die Beauftragten bereitgestellt werden. Angesprochen sind dabei nicht nur die in der Ausführung beschäftigten Unternehmer, sondern auch die Planung betreibenden Projektanten. Primär ist es Aufgabe der Beauftragten, diese Überwachung vorzunehmen. Aus deren Sicht handelt es sich dabei auch darum, ihre an verschiedenen Projekten eingesetzten Ressourcen im Auge zu behalten und abzustimmen. Projektbezogen hat der Projektleiter je nach Situation (Kritikalität der Vorgänge) die Kapazitätsüberwachung mehr oder weniger intensiv durchzuführen. Im Interesse aller wird man in jedem Fall auf eine gute, möglichst kontinuierliche Auslastung der eingesetzten Kapazitäten achten. Diese Forderung ist auch bei sich aufdrängenden Umdispositionen im Auge zu behalten, will man nicht Gefahr laufen, in eine unwirtschaftliche Abwicklungsart gedrängt zu werden.

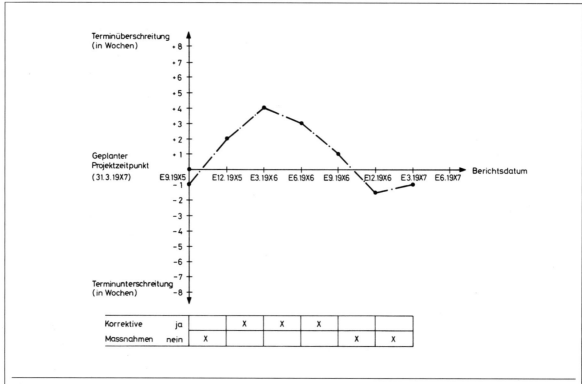

Abb. 11.5
Termintrend für den Projektendzeitpunkt

11.3.4 Termintrend-Analyse

Die Termintrend-Analyse gibt in übersichtlicher, graphischer Form (Abb. 11.5) den Trend betreffend der Einhaltung des Projektendtermins wieder. Pro Nachführungsperiode wird der Terminplan basierend auf den Ist-Terminen und den vorgesehenen Massnahmen (allenfalls bereinigter Vorgangsdauer) neu durchgerechnet. Der daraus resultierende Projektendzeitpunkt (Prognose) bzw. dessen Abweichung vom geplanten wird graphisch aufgezeichnet. Terminverzögerungen sind oft auf fehlende Hilfsmittel zurückzuführen. Sie können allenfalls durch einen vermehrten Kapazitätseinsatz aufgefangen werden, eventuell verbunden mit Kostenauswirkungen. Grundsätzlich versucht man bei der Massnahmenplanung zur Vermeidung von Terminüberschreitungen kostenneutrale bzw. kostengünstige Umdispositionen zu treffen. Mögliche Massnahmen sind:
- Überlappen von Vorgängen, sofern technisch und/oder organisatorisch möglich
- Änderung der Ablaufstruktur, um Zeiteinsparungen zu erhalten
- Anordnen von Überstunden
- Vergabe einzelner Arbeitspakete an zusätzliche Firmen u.a.m.

11.3.5 Überarbeitung der Pläne

Bei der periodischen Überwachung werden Abweichungen erkannt. Bei längerdauernden Projekten können sich Abweichungen ständig vergrössern. Auch massive Störungen des Projektablaufes (z.B. Auflagen, Änderungen der Projektziele) können dazu führen, dass der Bezug zwischen Soll und Ist verloren geht und sich deshalb eine Überarbeitung des Ablaufplanes aufdrängt. Aber auch bei ungestörtem Projektablauf (bei grösseren Projekten eher unwahrscheinlich) ist ein gewisser Rhythmus des Überarbeitens bzw. des Aufdatierens aller Daten gemäss dem neuesten Kenntnisstand vorzusehen. Oft wird diese Überarbeitung bei einem Phasenübergang (z.B. zwischen «Projekt» und «Vorbereitung der Ausführung») vorgenommen. Dabei können auch neue organisatorische Zuständigkeiten berücksichtigt werden. Kleinere Änderungen sollen allerdings nicht zu Überarbeitungen des Ablaufplanes führen. Psychologisch wäre dieses Vorgehen falsch, da man dauernd reagieren statt agieren würde, d.h. die Terminplanung wäre nur noch buchhalterisches Nachtragen von Ist-Daten, nicht aber das angestrebte Steuerungsinstrument. Denn Sinn und Zweck der Überwachung bestehen darin, bei Abweichungen Massnahmen zur Einhaltung der ursprünglichen Zielsetzung einzuleiten und durchzusetzen.

Im Mass der Abweichungen reflektiert sich ein Stück weit die Qualität der Planung. Je besser die verfügbaren Informationen sind, desto besser und daher weniger änderungsanfällig sind die ausgearbeiteten Terminpläne. Diesbezüglich stellt man in der Praxis immer wieder fest, dass auch in nicht innovativen Projekten, wo ein Rückgriff auf aufgearbeitete Erfahrungszahlen möglich sein sollte, diese nicht oder nicht in genügendem Umfang vorhanden sind.

11.4 Integrierte Zeit-/Kosten-Überwachung

Bei der Nachführung werden die Informationen betreffend Stand und Prognose der einzelnen Vorgänge in den Terminplänen eingetragen. Sobald summarisch über den Projektstand berichtet werden muss oder ein mehrstufiges Planungssystem im Einsatz steht, stellen sich bei der Verdichtung des Arbeitsstandes eines Projektteiles Probleme, da das Gewicht von Abweichungen unterschiedlich sein kann (Abb. 11.6). So kann z.B. der Vorsprung des Vorganges «Decke» den Rückstand des Vorganges «Wände E» mehr als aufwiegen.

Das gewichtete Darstellen setzt eine einheitliche Masszahl voraus. Über das ganze Projekt betrachtet kommen dafür wohl neben den Mannstunden am ehesten die Kosten in Frage. Das Messen unter Beizug der Soll- und Ist-Kosten setzt allerdings voraus, dass diese auf die Vorgänge oder mindestens auf Arbeitspakete, also auf im Zeitablauf fassbare Einheiten auf- bzw. umgeschlüsselt werden (Kap. 9.2, Abb. 9.1). Damit kann der geplante Verlauf (Basisverlauf) der Kosten dargestellt werden (Abb. 9.4). Von dieser Kostenkurve A, die durch Aufaddieren der geplanten Kosten zu den geplanten Zeitpunkten der Vorgänge zustande kommt, wird bei der folgenden Betrachtung ausgegangen (Abb. 11.7).

Für die Entwicklung der Kosten wird der Projektstand z.B. nach 4 Perioden betrachtet. Dabei wird abgeklärt, welche der bis zu diesem Zeitpunkt geplanten Vorgänge auch wirklich ausgeführt worden sind, z.B. 20 statt 23. Nun werden die geplanten Kosten der effektiv durchgeführten Vorgänge aufaddiert (Kurve B) und im Berichtszeitpunkt 4 (Punkt B4) aufgetragen. Im ge-

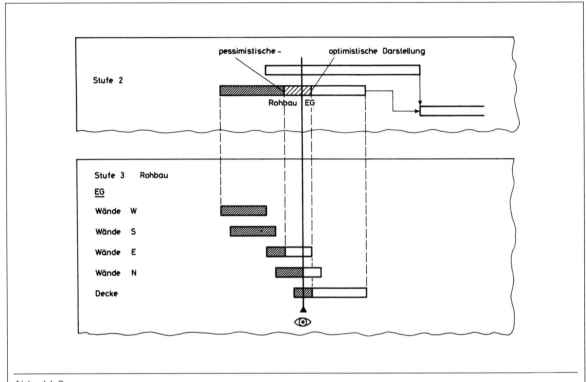

Abb. 11.6
Verdichten von Vorgängen und ihres Standes

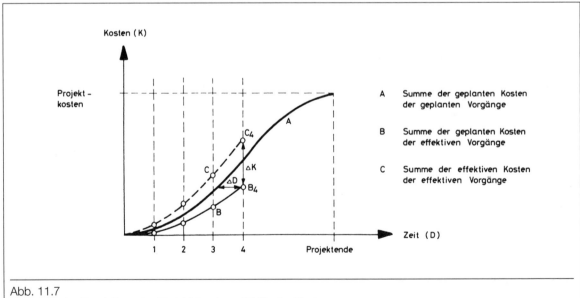

Abb. 11.7
Summarische Darstellung des Projektstandes mit Hilfe der Kosten

zeigten Fall sieht man, dass diese Summe schon vor ΔD hätte erreicht werden sollen. Damit ist ein Mass für die Verspätung des Projektes mit Hilfe der Kosten gefunden. Schliesslich lassen sich die effektiven Kosten der wirklich durchgeführten Vorgänge aufaddieren (Punkt C4). Fällt dieser Punkt nicht mit B4 zusammen, so besteht auch eine Kostendifferenz, in diesem Fall eine Überschreitung (ΔK). Wichtig ist, dass in jedem Berichtszeitpunkt die Lage auf das Projektende hin beurteilt und eine immer bessere Prognose aufgestellt wird (Abb. 11.8). Je besser die Planung durch präzise Kenntnisse des Projektablaufes möglich ist, desto weniger sollten die Kurven A, B und C voneinander abweichen.

11.5 Unterstützung durch die EDV

So wie die Arbeiten der Ablaufplanung vermehrt mit EDV unterstützt werden, lässt sich diese auch in der Überwachung als wertvolles Hilfsmittel einsetzen.

Für das Einholen der Informationen über den Projektstand können den Verantwortlichen ihre Vorgänge der laufenden Berichtsperiode ausgedruckt werden. In die vorbereiteten Leerfelder dieses Ausdruckes können die aktuellen Daten wie

- effektiver Anfang
- abgearbeiteter Teil in %
- verbleibende Vorgangsdauer (d.h. die Prognose für das Ende)
- effektives Ende

eingetragen werden (Abb. 11.9/11.10). Beim Vorhandensein eines EDV-Verbundsystems ist die Dateneingabe direkt ins System oder mindestens über einen Datentransfer (z.B. mit Disketten) möglich.

Die Dateneingabe und Auswertung geht mit dem fast ausschliesslichen Einsatz von Dialogsystemen wesentlich vereinfacht und beschleunigt vor sich. Dabei werden alle Daten für unmittelbare oder spätere Auswertungen bereitgehalten. Meist wird eine Balken-

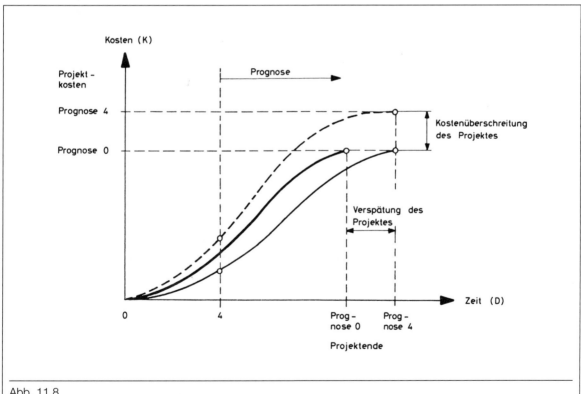

Abb. 11.8
Projektprognose bezüglich Endtermin und Endkosten.

diagrammdarstellung gewählt, aus der der aktuelle Stand und der restliche Projektablauf hervorgehen (Abb. 11.11). Will man diesen Projektablauf mit dem vorgegebenen (Baseline) vergleichen, sind beide darzustellen (Abb. 11.12). Daraus gehen die Abweichungen pro Vorgang und allfälliger Meilensteine deutlich hervor.

In den Fällen, in denen die Terminplanung mit der Kapazitäts- und/oder Kostenplanung verknüpft ist, drängt sich die EDV-Unterstützung für die Überwachung schon bei kleineren Projekten auf (Abb. 11.13). Das dauernde Festhalten, Anpassen und Ausweisen des Datenmaterials übersteigt rasch die Leistungsfähigkeit eines manuell betriebenen Systems.

Ganz hervorragend eignet sich der EDV-gestützte Netzplan, wenn es während dem Ablauf darum geht, aufgrund erreichter Zustände den restlichen Ablauf zu simulieren. Besonders wenn verschiedene Massnahmen zur Bereinigung von Abweichungen möglich sind, ist es ausserordentlich wertvoll, deren Auswirkungen auf alle Parameter des verbleibenden Projektablaufes darstellen zu können.

Am Schluss ermöglicht die EDV ohne grossen Aufwand, den Ist-Ablauf aufzuzeichnen. Dies kann aus Gründen der Erfahrungsrückkoppelung (speziell bei ähnlichen Projekten) oder der in Abb. 11.2 erwähnten Beweissicherung zweckmässig bzw. notwendig sein (Abb. 11.14).

```
OPEN PLAN                                                                          SEITE:    1
   REPORT:  PROGREP2              FORTSCHRITTSKONTROLLE PER 28JUN93        REPORT DATUM:20NOV92
   PROJEKT: LAGER2                          Lagerhalle                        STICHTAG:08MAR93

                                   REST ORIG BASIS  AKTUELLER    FRUEH   ERWARTETES   AKTUELLES
   CODE1     AKTIV.  BESCHREIBUNG  DAUER     START  START        ENDE    ENDE         ENDE      %

   TAETIGKEITEN IN BERICHTSPERIODE

   A         S       Start           0    0         08MAR93      05MAR93                        0

   PL        Projektleiter
   ---------------------
   AA        00      Detailprojektierung          60   60 08MAR93           28MAY93             0
   AB        02      Aushub Fund., Kanalisation   30   30 19APR93           28MAY93             0
   AB        04      Stahlkonstruktion montieren  40   40 31MAY93           23JUL93             0
   AB        06      Annexbauten                  50   50 17MAY93           23JUL93             0
   AB        08      Dachmontage                  15   15 26JUL93           13AUG93             0
   AC        14      Installation Trafo           20   20 26JUL93           20AUG93             0
   AC        16      Installation Heizzentrale    30   30 12JUL93           20AUG93             0

                                                                              ABGABE BIS:30JUN93
```

Abb. 11.9
Fortschrittskontrolle: Erfassungsformular für Termine

```
OPEN PLAN                                                                          SEITE:    1
   REPORT:  RESPROGR               FORTSCHRITTSKONTROLLE PER 28JUN93        REPORT DATUM:20NOV92
   PROJEKT: LAGER2                          Lagerhalle                        STICHTAG:08MAR93

                                   REST ORIG FRUEH  AKTUELLER  FRUEH ERWARTETES AKTUELLES    * MANNSTUNDEN
   CODE1     AKTIV.  BESCHREIBUNG  DAUER     START  START      ENDE  ENDE       ENDE       % * GEPLANT IST PERIODE REST  %

   AKTUELLE TAETIGKEITEN IN BERICHTSPERIODE

   STBAU     Stahlbauer                                                                    *
   ---------------
   AB        04      Stahlkonstruktion montieren  40   40 31MAY93           23JUL93        0 *   3200    0            0
   AB        08      Dachmontage                  15   15 26JUL93           13AUG93        0 *    500    0            0

                                                                              ABGABE BIS:30JUN93
```

Abb. 11.10
Fortschrittskontrolle: Erfassungsformular für Termine und Kapazitäten

Überwachung und Steuerung

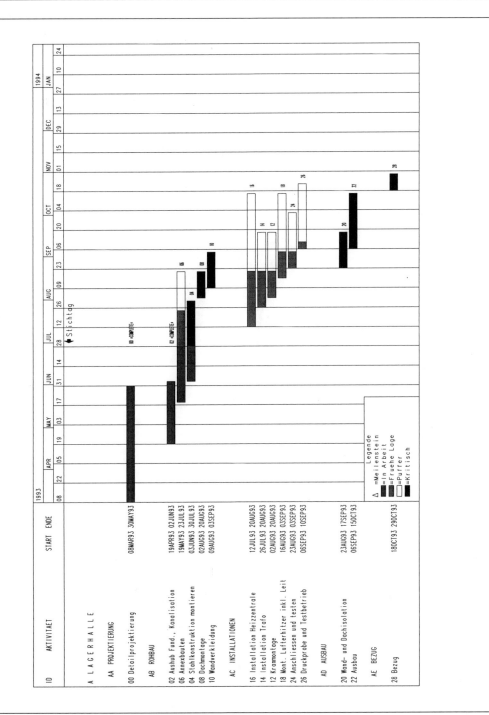

Abb. 11.11
Nachgeführter Projektstand

132 Überwachung und Steuerung

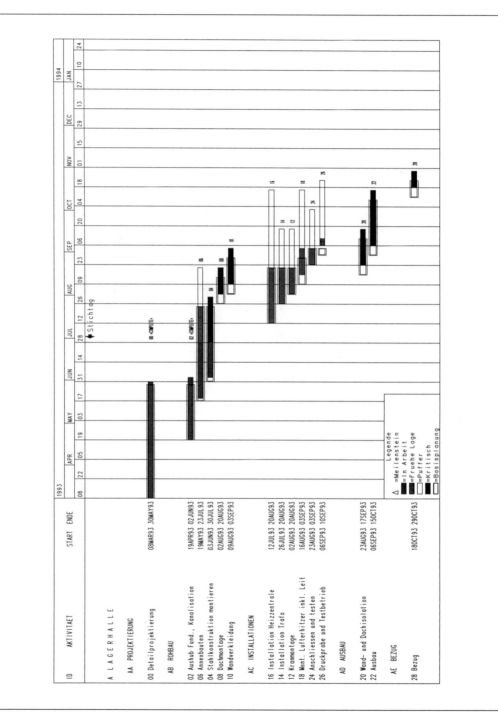

Abb. 11.12
Nachgeführter Projektstand im Vergleich zur Vorgabe

Überwachung und Steuerung

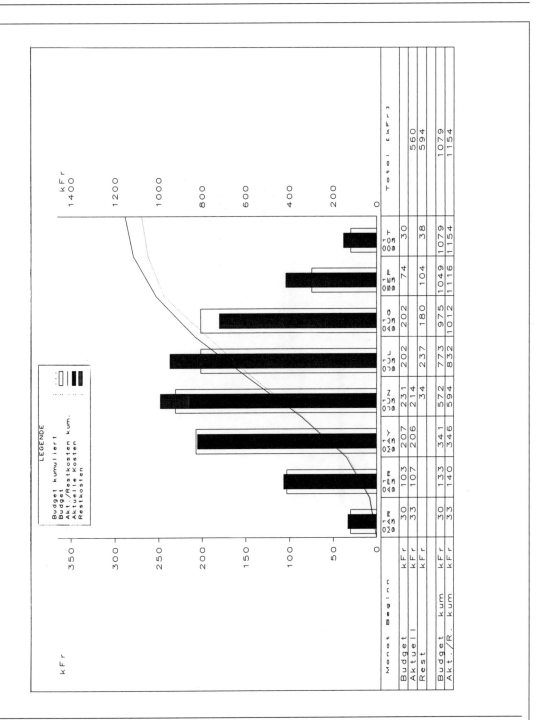

Abb. 11.13
Ist-Kostenverlauf und Prognose für Restkosten

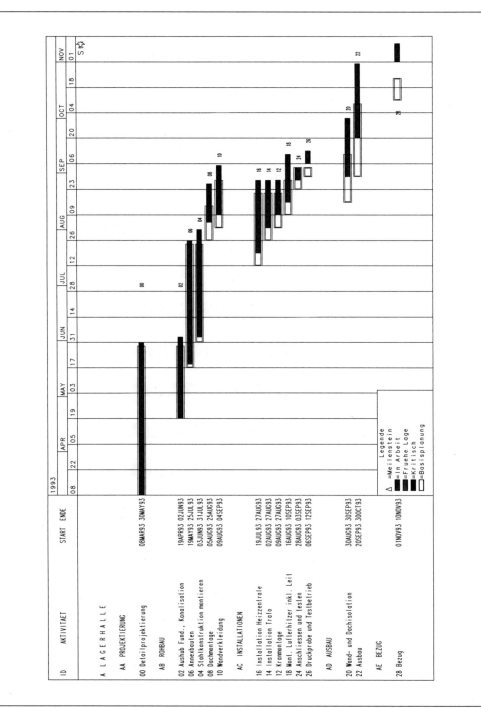

Abb. 11.14
Vergleich SOLL- und IST-Projektablauf

12 Organisatorisches Umfeld

12.1 Projektorganisation

Der sinnvolle Einsatz der Ablaufplanung setzt eine zweckmässige Projektorganisation voraus. Aus dieser geht hervor, welche Stellen sich mit der Ablaufplanung beschäftigen und was ihr entsprechender Beitrag ist. Angesprochen sind damit die
- Aufbauorganisation und
- Ablauforganisation.

Aufbauorganisation

Ausgehend von der Zielsetzung des Projektes werden die anfallenden Aufgaben ermittelt. Diese werden zu Aufgabengruppen zusammengefasst und den am Projekt beteiligten Stellen übertragen. Jede dieser Stellen wird mit den für die Erledigung der ihr zugewiesenen Aufgaben notwendigen Kompetenzen versehen. Damit erhält der Stelleninhaber das Recht, die ihm übertragenen Aufgaben in eigener Verantwortung zu erfüllen oder andere mit ihrer Durchführung zu beauftragen.

Die Aufbauorganisation wird im Organigramm festgehalten. Ein Beispiel dazu zeigt Abb. 12.1. Darin sind die Stellen, die sich schwergewichtig mit Fragen der Ablaufplanung und -überwachung befassen, hervorgehoben.

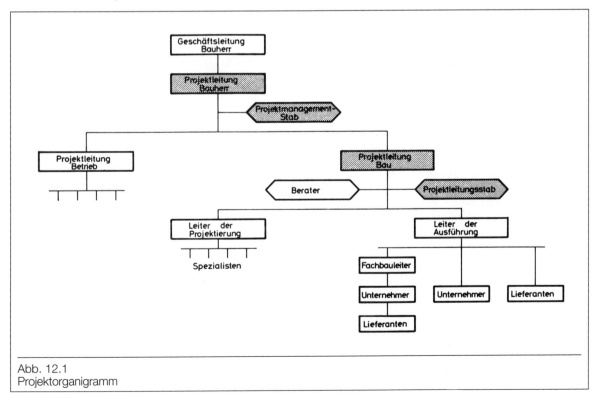

Abb. 12.1
Projektorganigramm

Ablauforganisation

Die Ablauforganisation befasst sich mit Arbeitsabläufen, wobei die Folge der einzelnen Arbeitsschritte dargestellt wird. Sie ist auf die konkrete Erfüllung der Projektzielsetzung ausgerichtet. Bei der Ablauforganisation geht es also darum, die Verfahren festzulegen, nach denen gearbeitet werden soll, die Arbeitsfolgen zu bestimmen, Arbeitsmengen und Kapazität in Übereinstimmung zu bringen, die für die Verrichtung der einzelnen Vorgänge notwendigen Mitarbeiter und Hilfsmittel sicherzustellen und allfällige Verbesserungen einzuleiten. Die Arbeitsabläufe mit allen notwendigen terminlichen Aussagen werden in Ablaufplänen dargestellt. Dabei geht es um den zweckmässigen Einsatz der verschiedenen Planungstechniken, wie Balken- und Liniendiagramme, Zyklusprogramme oder Netzpläne. Zu dieser Ablaufplanung haben verschiedene Stellen Beiträge zu leisten, so z.B. Informationen liefern, Terminpläne ausarbeiten, Abweichungen analysieren, korrektive Massnahmen vorschlagen, Entscheide treffen u.a.m. Eine gute Übersicht, welche Stellen welchen Beitrag zu welchen Aufgaben leisten, gibt das Funktionendiagramm (Abb. 12.2). Der Aufgabenkatalog sollte dabei in Abstimmung mit der gültigen Leistungs- und Honorarordnung, die im betreffenden Projekt angesprochen ist, vorgenommen werden.

Projektleiter / Projektleitungsstab

Bezüglich Ablaufplanung haben der Projektleiter und bei grösseren Projekten dessen Stab die Hauptlast zu tragen. Dies gilt auf Stufe Bauherr wie auf Seiten der Beauftragten (Projektleiter Bau). Der Projektleiter Bauherr hat die übergeordnete Terminplanung, die vor allem die Koordination zwischen den baulichen und betrieblichen Belangen sicherstellt, aufzubauen. Aus dieser Planung leiten sich Richtlinien und Randbedingungen für die Terminplanung der Beauftragten ab. Für den Projektleiter Bau gilt es in diesem vorgegebenen Rahmen die zweckmässigsten Planungstechniken zu wählen und mit Hilfe der Beteiligten die Terminpläne zu erstellen. Dabei muss er sich im Rahmen seiner eigenen Belastungsplanung immer wieder darüber Rechenschaft geben, dass das Aufbauen guter Terminpläne mit erheblichem Aufwand verbunden ist, dass aber vor allem der Überwachungs- und Anpassungsprozess während der ganzen Projektdauer zeitlich in der Regel noch wesentlich mehr Anforderungen stellt. Daher gilt es sich so zu organisieren (z.B. durch Einsatz eines Stabsmitarbeiters), dass die Terminplanung durchgehalten werden kann und es nicht nur bei einer Initialanstrengung bleibt, weil später die notwendige Zeit fehlt. Diese Situation trifft man leider in der Praxis häufiger, als man glaubt.

Abstimmung mit anderen Arbeitsbereichen

Im Zusammenhang mit der EDV ist nicht nur deren Umfang für die Ablaufplanung zu definieren, sondern es gilt, deren Einsatz mit anderen Einsatzbereichen abzustimmen. Dies weil vermehrt Programme eingesetzt werden, in denen die Terminplanung nur ein Modul darstellt, das aber festgelegte Schnittstellen zu andern Modulen aufweist. Damit kommt man der integrierten Planung, in der möglichst alle Parameter erfasst und optimal abgestimmt werden, näher. Eine weitere Hilfe bieten die Datenbanksysteme, die Verknüpfungen von Daten zulassen. So kann z.B. das ganze Zeichnungswesen mit dem Terminplan der Konstruktions- und Ausführungsphase in die richtige Abhängigkeit gebracht werden.

Eine Frage, die sich bez. Einsatz der EDV immer wieder stellt, ist deren Kosten im Vergleich zu den von ihr übernommenen Arbeitsgängen. Damit diese Kosten/Nutzen-Relation möglichst günstig gehalten werden kann, sind gute Kenntnisse der Projektleitung betr. EDV-Möglichkeiten Voraussetzung.

12.2 Fragen zum Einsatz der Planungstechniken

Für welche Projekte sollen welche Planungstechniken eingesetzt werden?

Grundsätzlich sollen die für das Projekt festgelegten Terminziele mit möglichst kleinem Aufwand an Planung und Überwachung erreicht werden. Es ist Aufgabe der Projektleiter Bauherr und Bau, das Projekt bez. der für die Ablaufplanung relevanten Faktoren zu analysieren und das sich aufdrängende System aufzubauen. Dabei können im Vordergrund stehen: die Dringlichkeit, die Verzahnung von Vorgängen verschiedener Verantwortlicher, Nahtstellen zum Projektumfeld, Zusammenhänge zu andern Projektparametern (Kosten/Kapazitäten) u.a.m.

Generell sollte für jedes Projekt ein Ablaufplan erstellt werden, für ein einfaches Einfamilienhaus ein Balkendiagramm mit beschränkter Vorgangszahl, für einen komplizierten Verwaltungsbau ein mehrstufiges, EDV-gestütztes Netzplansystem.

Organisatorisches Umfeld

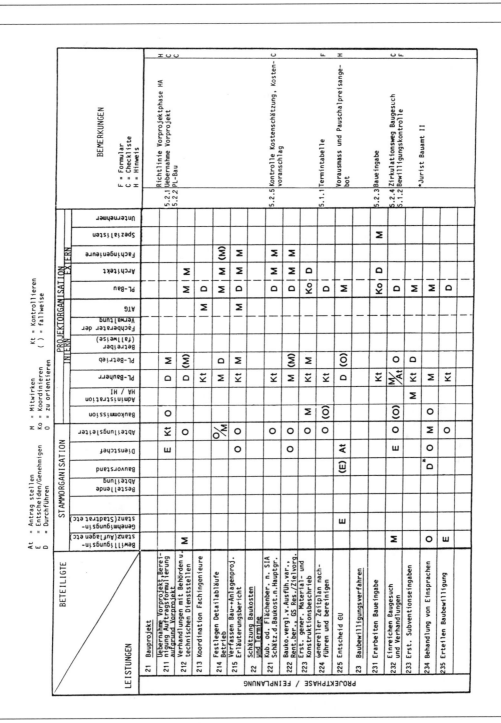

Abb. 12.2
Funktionendiagramm

Wann sollen Planungstechniken eingesetzt werden?

Auf diesen Punkt wurde bereits in Kap. 1.5 eingetreten. Festgehalten sei nochmals, dass so früh wie möglich versucht werden soll, eine zeitliche Vorstellung über die Projektabwicklung zu gewinnen. Damit bleibt der grösstmögliche Dispositionszeitraum erhalten. Oft fehlt zu diesem frühen Zeitpunkt der Termindruck, das Projekt dauert noch lange, und man will eine bessere technische Basis abwarten, um ein «gutes» Terminprogramm erstellen zu können. So wird z.B. in der Ordnung für Leistungen und Honorare der Architekten (SIA Ordnung 102) nach erstelltem Vorprojekt erstmals das Aufstellen eines generellen Zeitplanes für das Bauvorhaben erwähnt. Der frühe Einsatz der Planungstechniken soll auch dazu führen, dass die Planungs- und Projektierungsphasen, die heute vielfach eine ähnliche Dauer haben wie die Realisierung, mit der gleichen Sorgfalt terminlich geplant werden.

Im übrigen gilt, dass immer dann, wenn im Projekt neue Bedürfnisse auftauchen (z.B. eine neue Phase wie «Ausführung») die notwendigen Terminpläne mit dem zeitlich angepassten Vorlauf und unter Beizug der Verantwortlichen erstellt werden.

Wer veranlasst den Einsatz der Planungstechniken?

Im allgemeinen liegt die Hauptverantwortung beim Projektleiter Bau, der mit der Gesamtleitung des Bauvorhabens betraut ist. Je nach Einfluss, der sich die Bauherrschaft über ihren Projektleiter ausbedingt, können auch wesentliche Impulse von ihr kommen. Dies ist besonders dann sinnvoll, wenn es um das Eingehen von Terminrisiken geht, die, ausser im Fall des Generalunternehmereinsatzes, immer vom Bauherrn zu tragen sind.

Wer bezahlt den Einsatz der Planungstechniken?

Als Grundregel gilt, dass jeder Beteiligte für seine Stufe bzw. seinen Verantwortungsbereich die Planungsleistung erbringt. Die übergeordnete Planung (Abstimmen Betrieb/Bau und mit externen Stellen) wird von der Bauherrschaft erstellt, oder sie lässt sie auf ihre Kosten ausarbeiten und betreiben.

Der eigentliche Baubereich wird gemäss den SIA Ordnungen in den wesentlichen Punkten abgedeckt. Leider ist der Aufwand für die Terminplanung nur an einer Stelle (für die Ausführung) ausgewiesen, die weiteren Terminplanungsleistungen sind mit Baukosten oder gar mit Projektierungsarbeiten zusammen in nicht genügend transparenten Aufwandpositionen enthalten. Falls die in den SIA Ordnungen aufgeführten Zusatzleistungen oder weitere projektspezifische Leistungen erforderlich sind, sind diese vom Projektleiter Bau zu quantifizieren und vom Bauherrn zu übernehmen. Dies rechtfertigt sich auch wieder aus der Tatsache, dass das Terminrisiko beim Bauherrn liegt (ausser bei der Realisierung mit dem Generalunternehmer).

Wird von den Verantwortlichen EDV eingesetzt, sind deren Kosten von ihnen zu tragen. In der Regel bietet die EDV-unterstützte Planung allerdings mehr als eine manuell betriebene, man kann daher von Zusatzleistungen sprechen. Ein möglicher Kostenteiler sollte vor dem EDV-Einsatz festgelegt werden.

12.3 Nutzen der Ablaufplanung

Den Kosten zum Einsatz der Planungstechniken steht ein nicht immer leicht zu quantifizierender Nutzen gegenüber. Die Kosten sind von mehreren, sich in den einzelnen Projekten stark unterschiedlich auswirkenden Faktoren abhängig:

- Dauer des Projektes
- Projektgrösse und Komplexität
- zu berücksichtigende Parameter
- Informationsbedarf der Beteiligten
- vorhandener Erfahrungsstand
- Kooperationsbereitschaft der Beteiligten.

Die Kosten hängen im weiteren von der Qualifikation der Mitarbeiter, den organisatorischen Verhältnissen und dem allfällig nötigen EDV-Einsatz ab.

Je nach Projekt und Randbedingungen bewegen sich die Kosten für die Anwendung der Planungstechniken (Terminplanung und Überwachung) zwischen 2 und 10‰ der Projektkosten.

Den Kosten steht der Nutzen der Anwendung aufgabengerechter Planungstechniken gegenüber. Im Vordergrund steht der Beitrag zum Erreichen der Termin- und teilweise der Kostenziele. Das kann in Kosten ausgedrückt heissen:

- kleinere Kapitalkosten
- keine Konventionalstrafe, u.U. Prämien
- Gewinnanfall wie geplant
- optimale Nutzung vorhandener Kapazitäten
- Beschränkung der zeitproportionalen Projektkosten (z.B. Bauleitung)
- Imagegewinn (Akquisition neuer Projekte).

Zusätzlich kommen nicht quantifizierbare, aber für das Gesamtprojekt ausserordentlich wichtige Punkte wie:

- Vermindern von Friktionen zwischen den Beteiligten,
- bessere Information über den Ablauf und damit gleichartige Ausrichtung der Kräfte,
- eingeplante Entscheidungsprozesse,
- weitgehendes Verhindern einer uneffizienten Hektik.

Unter Berücksichtigung der Erfahrung vieler Projekte kann angenommen werden, dass mit dem richtigen Einsatz der Planungstechniken eine Verkürzung der Projektdauer gegenüber einem üblich geplanten Ablauf erreicht wird.